第一厨娘
为爱下厨房

家常主食

U0350661

孙晓鹏（YOYO）◎主编

吉林科学技术出版社

为爱下厨房

　　小时候，家常饭菜的味道就是妈妈的味道。还记得那时候，每到吃饭的时间，总是积极地坐在餐桌边，捧着属于自己的小小碗筷，期待着妈妈从厨房里端出来一道道散发着诱人香味的菜肴。酸甜苦辣咸，构成了童年对家和妈妈的记忆。

　　后来离家求学、工作，吃过数不清的食堂和饭店。无论是低廉的路边摊、大排档，或是快捷的盒饭、便当，还是珍馐满席的酒店、饭馆，同样的酸甜苦辣咸，却唯独缺少了家的味道、缺少了妈妈的味道。其实，很多大厨的手艺出神入化，做出来的菜肴色、香、味、意、形无一不美，但在我的心里都敌不过妈妈腰系围裙从厨房里端出来的一碗白米饭。因为妈妈做的饭菜里，有对我们的爱。

　　再后来，找到了我爱的那个人，组成了自己的家庭。为了让家人吃得安心、吃得健康，我决定自己下厨房。可是从小在妈妈的呵护下长大，论吃我是天下无敌，说做我却无能为力。有时候我会想，如果能像游戏中学习技能那样学会做饭，那该多好啊！怎奈愿望是美好的，现实是残酷的，我只能学着妈妈的样子系上围裙，试图在厨房中打拼出一片自己的江湖！

　　所幸动起手来之后，我发现做菜其实也不是特别困难，掌握了要领之后，下厨房甚至是一件很有乐趣的事情。当然，如果不算上洗菜、刷锅、刷碗……就更好啦！摆弄着厨房里的锅锅铲铲、瓶瓶罐罐，我仿佛成了指挥家，把五味调料和五色食物调和在一起，慢慢的，我学会了烹制出妈妈的味道。从一个吃货变成一个厨娘，这种变化不可思议，但也顺理成章。

FOREWORD前言

　　几年过去了，我已非当年吴下阿蒙，煎炒烹炸再也难不倒我。看着家人喜欢我做的饭菜，心里满是喜悦，做饭也渐渐变成了兴趣。每次尝试新的菜肴，都是一次小小的挑战；每次听到亲友的称赞，都是一次小小的成功。女人果然是虚荣的，让这种虚荣来得更猛烈一些吧！

　　作为过来人，我知道新手下厨房的难处，也体验过面对食材和菜刀无从着手的窘境。我想对那些即将走入厨房的新主妇、立志自己做美食的新厨娘们说，其实做饭一点儿也不难，理顺每一个步骤，随心所欲一些，美味往往就在不经意中出现了。我把做菜的步骤分为准备工作和制作方法：准备工作是对食材的处理，切条切丁不必太在意；制作方法是对味道的烹调，甜点儿咸点儿无伤大雅。菜谱不是圣旨，食材的选用也不是一成不变的，完全可以根据自己冰箱里的储备来调整和选择。而且，这也是发挥个人创意的过程，没准儿哪位高手就能用豆腐做出熘肉段来呢！

　　自己成家之后，过着日复一日的生活，这才体会出小时候妈妈为全家人准备饭菜的不容易。别的不说，单单"下顿饭吃什么"这个小问题就不知道杀死了我多少脑细胞。所以，我就想有没有一本专门为新主妇、新厨娘准备的菜谱，看起来不那么难，可以为每餐的准备提供一些借鉴。感谢朋友的帮助，才有了这样一套书。希望这套书可以让刚刚走进厨房的您从此热爱烹饪，把爱通过美食传递给那些我们深爱着的人！

{ 面 条 }

CONTENTS 目录

{ 面 点 }

目录 CONTENTS

{ 米 饭 }

CONTENTS 目录

粥

面条

红汤制作详细过程

原料

大葱20克
姜20克
小葱10克
孜然10克
辣椒面20克
豆蔻10克
草果10克
白芷10克
香叶5克
八角1个

调料

植物油20毫升 ······ 可选用花生油、豆油、菜籽油
郫县豆瓣酱20克
高汤700毫升 ······ 可用清水代替
老抽10毫升 ······ 可用酱油代替
精盐5克
鸡精3克 ······ 可用味精代替
白糖4克

制作步骤

1. 将大葱、姜、小葱、孜然、红椒面、豆蔻、草果、白芷、香叶、八角准备好，放入盘中待用。

2. 锅中放入油，烧至八成热，放入上述所有的原料，煸炒出香味。

3. 加入郫县豆瓣酱，翻炒均匀。

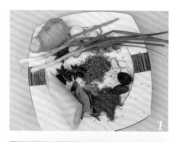

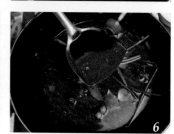

4. 加入高汤，烧开，小火煮约 **10分钟**。

5. 加入老抽、精盐、鸡精、白糖，搅拌均匀，继续煮约5分钟。

6. 用漏勺捞出大料，将做好的红汤盛入碗中即可。

擀面条详细过程

🍵 **原料**

菠菜400克
面粉700克
精盐2克

制作步骤

1. 将菠菜洗净，切成小段，把菠菜段放入果汁机中，加入适量的清水，开动机器，打成菠菜汁。

2. 将菠菜汁倒入碗中待用。

3. 将面粉放入器皿中，加入菠菜汁、精盐。

1

2

3

4. 先用筷子把面粉和菠菜汁搅拌均匀。

5. 再放入大点的容器中，用手揉搓成面团，把面团揉搓至表面十分的光滑。

6. 然后将面团用擀面杖擀开，把面团擀成薄薄的面饼。

4

5

6

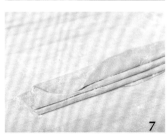

7

8

9

7. 再将面饼叠起，如图。

8. 把叠好的面切成需要的宽度（细面条或者宽面条）。

9. 最后，将切好的面条，撒上面粉，即可煮食。

百合红枣滋补面

🥢 原料

手擀面条300克　　黄金针40克
红枣30克　　　　小青菜30克
鲜百合20克

🥄 调料

高汤500毫升　——可用清水代替
胡椒粉3克　——可用熟鸡油代替
麻油8毫升

精盐3克
鸡精3克　——可用味精代替

🍴 准备工作

1. 将面条、红枣、百合、黄金针、小青菜准备好，放入盘中待用。

2. 红枣洗净，去除枣核。

3. 黄金针洗净，切去根部。

4. 将切去根部的黄金针放入沸水中，焯水后，捞出沥水。

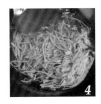

5. 将面条放入沸水中，煮熟（煮约4分钟左右），捞出沥水。

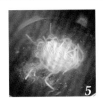

百搭的一碗面

6. 锅中加适量的高汤，放入红枣、百合、黄金针、小青菜，烧开。

7. 加入精盐，搅拌均匀，放入鸡精、胡椒粉，搅拌均匀。

制作步骤

8. 放入煮熟的面条，搅拌均匀。

9. 搅拌均匀后，稍微煮片刻，起锅，盛入碗中，淋入麻油即可。

川味羊肉面

🍲 原料

手擀面条300克
羊肉150克
娃娃菜60克
红枣20克
红尖椒10克

🧂 调料

植物油15毫升
生抽5毫升
高汤500毫升
精盐3克
姜片10克

可选用花生油、豆油、菜籽油

可用清水代替

可用味精代替

鸡精3克
胡椒粉3克
白醋5毫升
大葱10克

可用老陈醋代替

准备工作

1. 将羊肉、娃娃菜、红枣、面条、红尖椒、大葱、姜片准备好，放入盘中待用。

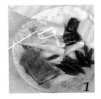

2. 羊肉洗净，剔除筋膜，改刀成大小合适的块。

3. 娃娃菜叶子掰掉，洗净沥水。

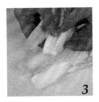

4. 红枣洗净，去除枣核；红尖椒洗净，切去根蒂。

5. 将面条放入沸水中，煮熟（煮4分钟左右），捞出沥水。

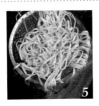

Tips 美味提示

羊肉中有很多肉膜，切丝之前应先将其剔除，否则炒熟后肉膜硬，吃起来难以下咽。

---

6. 锅中放入植物油，烧热后，放入羊肉块，煸炒出香味，再放入红尖椒、大葱、姜片，翻炒均匀。

7. 加入生抽，翻炒均匀。

制作步骤

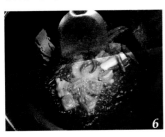

8. 放入高汤，加入精盐、鸡精，放入红枣，搅拌均匀，大火烧开。

9. 放入煮熟的面条，搅拌均匀，稍微煮片刻。

10. 放入胡椒粉、白醋，放入娃娃菜，搅拌均匀，起锅，盛入碗中即可。

大虾蛤肉红汤面

🥣 **原料**

手擀面条300克
平菇50克
基围虾2只
蛤蜊肉30克

🥄 **调料**

高汤300毫升
红汤200毫升
麻油10毫升
精盐3克

可用清水代替

鸡精3克
胡椒粉3克
葱、姜各10克

可用味精代替

🥄 准备工作

1. 将面条、平菇、基围虾、蛤蜊肉、葱、姜准备好，放入盘中待用。

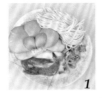

2. 将蛤蜊肉放入温水中，浸泡软透。

3. 基围虾剥去外壳，洗净。

4. 面条放入沸水中，煮约4分钟，煮熟后，捞出沥水。

制作步骤

5. 锅中放入高汤，放入葱、姜、蛤蜊肉，大火烧开。

6. 放入红汤、虾仁、平菇，复烧开。

7. 加入精盐，搅拌均匀。

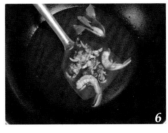

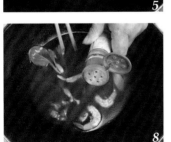

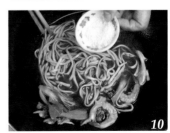

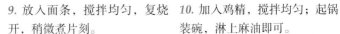

8. 加入胡椒粉，搅拌均匀。

9. 放入面条，搅拌均匀，复烧开，稍微煮片刻。

10. 加入鸡精，搅拌均匀；起锅装碗，淋上麻油即可。

咸鸭面

🍲 原料

手擀面条300克
咸鸭肉150克
干红椒10克
泡椒10克

🥄 调料

植物油20毫升 ⋯⋯⋯ 可选用花生油、
红汤600毫升 　　　　豆油、菜籽油
精盐4克
鸡精3克 ⋯⋯⋯ 可用味精代替
胡椒粉2克

🍳 准备工作

1. 将面条、咸鸭肉、干红椒、泡椒准备好待用。

2. 咸鸭肉斩成大小合适的块。

3. 将咸鸭肉块放入沸水中，复烧开，稍微煮片刻，捞出沥水。

4. 将面条放入沸水中，煮约3分钟，捞出，放入凉水中待用。

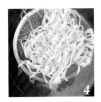

制作步骤

5. 锅中放入植物油，烧热后，放入咸鸭肉块，煸炒片刻。

6. 将咸鸭肉、干红椒、泡椒放入锅中，炒约2分钟，炒出香味。

抻面

7. 放入红汤，大火烧开，转小火，炖约8分钟。

8. 放入煮熟的面条，搅拌均匀。

9. 稍微煮片刻，加入精盐、鸡精、胡椒粉，搅拌均匀后，即可装碗食用。

干鱿鱼面

🍵 **原料**

手擀面条300克
鱿鱼干80克
香菇40克
小青菜30克

🍶 **调料**

植物油15毫升　　　可选用花生油、
　　　　　　　　　豆油、菜籽油
高汤700毫升
　　　　　　　可用清水
精盐4克　　　　　代替
鸡精3克　　　　可用味精代替
熟油10毫升

胡椒粉3克
老陈醋6毫升　　可用白醋
　　　　　　　代替
葱10克
姜10克

准备工作

1. 将鱿鱼干、面条、香菇、葱、姜、小青菜准备好，放入盘中待用。

2. 将干鱿鱼放入热水中，浸泡软透，洗净黏膜。

3. 然后将鱿鱼卷起，用剪刀剪成丝。

4. 大葱洗净，切成菱形薄片；姜洗净，切成薄片；香菇洗净，切成块。

制作步骤

5. 锅中放入植物油，烧热后，放入葱姜片、香菇、小青菜煸炒出味，放入高汤，放入鱿鱼丝，大火烧开。

6. 放入面条，搅拌均匀，再煮约4分钟。

7. 加入鸡精，搅拌均匀。

8. 加入胡椒粉，搅拌均匀。

9. 加入精盐，搅拌均匀。

10. 加入老陈醋，搅拌均匀，起锅装盘，淋入熟油即可。

贡丸面

🍲 原料

手擀面条300克
鱼丸100克
小青菜30克
鲜香菇20克

🥄 调料

高汤700毫升 ⌁⌁⌁ 可用清水代替
麻油10毫升
精盐4克
鸡精3克 ⌁⌁⌁ 可用味精代替
胡椒粉3克

✎ 准备工作

1. 将面条、鱼丸、小青菜、香菇准备好，放入盘中待用。

2. 鲜香菇洗净，去根蒂，大的香菇切成薄片（小朵的香菇可以不用切，直接用）。

3. 面条放入沸水中，煮约4分钟，煮熟后，捞出沥水。

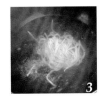

制作步骤

4. 锅中放入高汤，大火烧开。

5. 放入鱼丸、鲜香菇，复烧开，稍微煮片刻。

6. 放入煮熟的面条，搅拌均匀，复烧开。

7. 加入精盐，搅拌均匀，加入鸡精，搅拌均匀。

8. 加入胡椒粉，放入小青菜，搅拌均匀。

9. 起锅装碗，淋上麻油即可。

海味汤面

🍲 原料

手擀面条300克	金钱菇30克
水发海参50克	小青菜30克
水发木耳50克	

🥄 调料

高汤700毫升	⋯⋯ 可用清水代替	胡椒粉3克
精盐4克		葱10克
鸡精3克	⋯⋯ 可用味精代替	姜10克

准备工作

1. 将面条、水发海参、水发木耳、金钱菇、小青菜、葱姜准备好，放入盘中待用。

2. 水发海参洗净，顺长切成条；水发木耳洗净，撕成小朵。

3. 将金钱菇洗净，放入温水中，浸泡软透。

4. 面条放入沸水中，煮约3分钟，捞出沥水。

制作步骤

5. 锅中放入高汤，烧开。

6. 放入葱、姜、海参、木耳、金钱菇，复烧开，煮约3分钟。

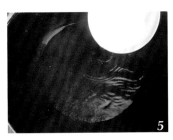

7. 放入面条，复烧开。

8. 放入精盐，放入鸡精，搅拌均匀。

9. 放入小青菜、胡椒粉，搅拌均匀，起锅装碗即可。

肥牛清汤面

🍲 原料

手擀面条300克
肥牛卷120克
豆芽60克

🍥 调料

高汤700毫升 ····· 可用清水代替
精盐4克 ····· 可用味精代替
鸡精3克

胡椒粉3克
小葱10克

🍳 准备工作

1. 将面条、肥牛卷、豆芽、小葱准备好，放入盘中待用。

2. 把豆芽放入沸水中，焯水后，捞出沥水。

3. 小葱洗净，去根部，切成小葱粒。

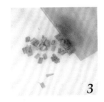

4. 将面条放入沸水中，煮约4分钟，煮熟后，捞出沥水。

5. 把肥牛卷放入沸水中。

6. 将肥牛卷烫熟，捞出沥水。

制作步骤

7. 锅中放入高汤，大火烧开。

8. 放入焯水后的豆芽。

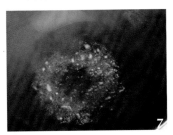

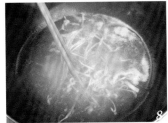

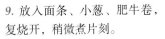

9. 放入面条、小葱、肥牛卷，复烧开，稍微煮片刻。

10. 放入胡椒粉、精盐、鸡精，搅拌均匀，起锅，盛入碗中即可。

金针菇肥牛清汤面

🍚 原料

手擀面条300克
肥牛100克
金针菇40克
干香菇15克

🥄 调料

高汤700毫升 ········ 可用清水代替
熟油10毫升
精盐4克
鸡精3克
胡椒粉3克

🍳 准备工作

1. 将金针菇洗净，切去根蒂。

2. 然后将金针菇一缕缕撕开。

3. 将金针菇放入沸水中，焯水后，捞出沥水。

4. 肥牛卷放入沸水中，汆烫一下，去除杂味，捞出沥水。

5. 干香菇用温水发透后，去根蒂，切成细丝。

Tips 美味提示

肥牛卷在沸水中汆烫至变色即可。

---

6. 锅中放入高汤，放入面条，搅拌均匀。

7. 放入金针菇、香菇丝、肥牛卷，加入精盐，搅拌均匀，煮约4分钟，将面条煮熟。

制作步骤

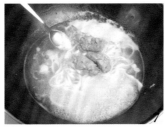

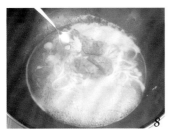

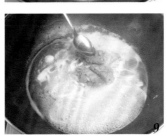

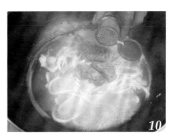

8. 放入鸡精，搅拌均匀。

9. 加入熟油，搅拌均匀。

10. 加入胡椒粉，搅拌均匀，起锅装碗即可。

海参面

🍲 原料

手擀面条300克　　水发鱿鱼50克
猪肚80克　　　　金钱菇30克
水发海参50克

🥄 调料

植物油15毫升　　　可选用花生油、
　　　　　　　　　豆油、菜籽油
红汤500毫升
老抽3毫升　　　可用酱油代替

生抽5毫升
小葱段10克

🍳 准备工作

1. 将面条、猪肚、水发海参、水发鱿鱼、金钱菇、小葱段准备好，放入盘中待用。

2. 把金钱菇放入温水中，浸泡软透，洗净待用。

3. 水发海参、水发鱿鱼顺长切成长条。

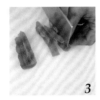

4. 猪肚洗净，切成抹刀片。

5. 将猪肚片放入沸水中，复烧开，煮约15分钟，捞出沥水。

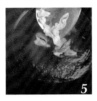

⭐ **Tips 美味提示**

　　泡发海参时，切勿沾染油脂、碱、精盐，否则会妨碍海参吸水膨胀，降低出品率；甚至会使海参溶化，腐烂变质。

6. 锅中放入植物油，烧热后，放入猪肚片、金钱菇、水发海参、水发鱿鱼、小葱段，煸炒片刻。

7. 加入生抽，搅拌均匀。

制作步骤

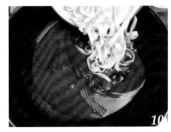

8. 放入老抽，搅拌均匀。

9. 加入红汤（红汤的做法参照本章第10页"红汤制作详细过程"），搅拌均匀。

10. 放入煮熟的面条，搅拌均匀，复烧开，稍微煮片刻，起锅装入碗中即可。

黄花菜汤面

🥣 原料

手擀面条300克
黄花菜30克
鲜香菇30克
小青菜30克

🥄 调料

高汤700毫升
精盐4克
鸡精3克
葱10克
姜10克

可用清水代替

可用味精代替

🔪 准备工作

1. 将面条、黄花菜、鲜香菇、小青菜、葱、姜准备好，放入盘中待用。

2. 将黄花菜洗净，放入温水中，浸泡软透。

3. 把泡透的黄花菜切去根蒂。

4. 然后将黄花菜打成结。

5. 把打成结的黄花菜放入沸水中，复烧开，稍微煮片刻，捞出沥水。

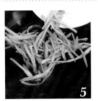

Tips 美味提示

将面放入锅后注意用用筷子搅拌，以防粘锅。

6. 锅中放入高汤，放入葱、姜、鲜香菇、黄花菜，烧开，煮约3分钟。

7. 放入煮熟的面条，搅拌均匀，复烧开。

制作步骤

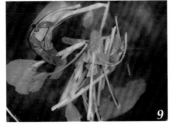

8. 放入鸡精，放入精盐，搅拌均匀，起锅装碗。

9. 将小青菜放入沸水中，汆烫熟后，捞出放入碗中即可。

三色面

🍲 原料

手擀面条300克
胡萝卜60克
水芹60克
韭黄60克

🥄 调料

植物油15毫升
高汤600毫升
熟油10毫升
白糖2克

可选用花生油、
豆油、菜籽油

可用清水
代替

精盐4克
鸡精3克
胡椒粉3克

可用味精代替

🔪 准备工作

1. 将面条、胡萝卜、水芹、韭黄准备好，放入盘中待用。

2. 分别将胡萝卜、水芹、韭黄洗净；胡萝卜切成丝，水芹、韭黄切成段。

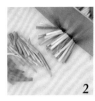

3. 将面条放入沸水中，煮熟后捞出放入凉水中待用。

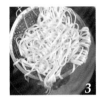

制作步骤

4. 锅中放入植物油，烧热后，放入胡萝卜丝、水芹段、韭黄段，煸炒片刻。

5. 放入白糖，翻炒均匀。

6. 加入高汤，搅拌均匀，大火烧开。

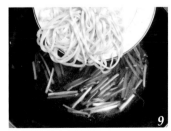

7. 加入胡椒粉，搅拌均匀。

8. 放入精盐，放入鸡精，搅拌均匀。

9. 放入面条，搅拌均匀，再稍微煮片刻，起锅装碗，淋入熟油即可。

墨鱼仔清汤面

🍲 **原料**

手擀面条300克
墨鱼仔100克
小青菜30克

🥢 **调料**

可选用花生油、豆油、菜籽油

植物油15毫升
高汤600毫升 可用清水代替
精盐4克
葱段15克

可用味精代替

鸡精3克
老陈醋6毫升
生抽6毫升
姜10克

🍳 准备工作

1. 将面条、墨鱼仔、姜、小青菜、葱段准备好，放入盘中待用。

2. 姜洗净，切成薄片。

3. 将墨鱼仔放入沸水中，加入姜片、葱段，复烧开。

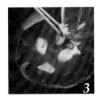

4. 将墨鱼仔焯水后，捞出沥水。

制作步骤

5. 锅中放入植物油，烧热后，放入墨鱼仔、姜片、葱段，煸炒片刻。

6. 加入高汤，大火烧开，煮约3分钟。

7. 放入面条，搅拌均匀，煮约4分钟，将面条煮熟。

8. 小青菜去根部，洗净放入锅中。

9. 放入精盐、鸡精、老陈醋，搅拌均匀。

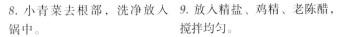

10. 放入生抽，搅拌均匀，再煮约1分钟，起锅装碗即可。

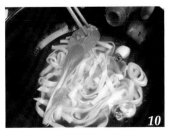

舌尖面

🍲 原料

手擀面条300克
卤舌尖100克
小青菜30克

🥢 调料

高汤600毫升
熟油10毫升
白糖1克
精盐4克

可用清水代替

鸡精3克
胡椒粉2克
姜片5克

可用味精代替

🔪 准备工作

1. 将面条、卤舌尖、姜片、小青菜准备好，放入盘中待用。

2. 把卤舌尖切成薄片。

3. 小青菜洗净，放入热水中，快速氽烫后，捞出沥水。

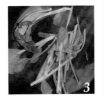

4. 面条放入沸水中，煮约3分钟，捞出放入凉水中待用。

制作步骤

5. 锅中放入高汤，放入姜片、舌尖片，大火烧开。

6. 放入煮熟后的面条，搅拌均匀。

7. 加入氽烫后的小青菜，搅拌均匀。

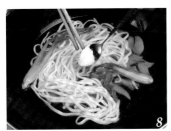

8. 加入白糖、精盐，搅拌均匀。

9. 放入鸡精，搅拌均匀。

10. 放入胡椒粉，搅拌均匀，再稍微煮片刻，起锅装碗，淋入熟油即可。

酸汤肥牛面

🍲 原料

手擀面条300克
西红柿50克
鲜香菇30克
肥牛卷80克
黄花菜20克

🧂 调料

植物油20毫升
高汤600毫升
精盐4克
鸡精3克
老陈醋5毫升
胡椒粉2克

可选用花生油、
豆油、菜籽油

可用清水
代替

可用味精代替

可用白醋代替

🔪 准备工作

1. 将面条、西红柿、鲜香菇、肥牛卷、黄花菜准备好，放入盘中待用。

2. 西红柿洗净后，切去根蒂，再切成薄片。

3. 鲜香菇洗净，去根蒂，切成薄片。

4. 黄花菜洗净，用温水泡软透。

5. 然后将黄花菜的根蒂切去，再将黄花菜打成结。

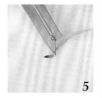

6. 肥牛卷放入沸水中，余烫半熟，捞出沥水。

7. 面条放入沸水中，煮熟，捞出放入凉水中待用。

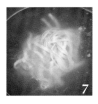

⭐ *Tips* 美味提示

肥牛应选择具有正常气味，有弹性，表面微干或微湿润，不粘手，肉皮无红点的肉。

制作步骤

8. 锅中放入植物油，烧热后，放入西红柿片、黄花菜、鲜香菇，煸炒片刻，放入高汤、肥牛，烧开。

9. 放入煮熟的面条，搅拌均匀，复烧开。

10. 加入精盐、鸡精、老陈醋、胡椒粉调味，搅拌均匀，起锅装碗即可。

豌豆苗肉丝汤面

 原料

手擀面条300克
猪肉80克 ········ 可用鸡肉代替
鲜香菇40克

平菇40克
笋尖30克
豌豆苗20克

调料

红汤600毫升
精盐4克
鸡精3克

味精2克
胡椒粉3克

🍳 准备工作

1. 将面条、鲜香菇、平菇、猪肉、笋尖、豌豆苗准备好，放入盘中待用。

2. 平菇洗净撕成小条；猪肉洗净切成丝；香菇洗净切成薄片；豌豆苗切去根部洗净；笋尖洗净切成段。

3. 将面条放入沸水中，煮约4分钟，煮熟后，捞出放入凉水中待用。

制作步骤

4. 锅中放入红汤（红汤做法参考"红汤制作详细过程"），烧开后，放入平菇、笋尖、鲜香菇。

5. 放入猪肉丝，搅拌均匀，烧开后，煮约5分钟。

6. 加入精盐，放入味精，搅拌均匀。

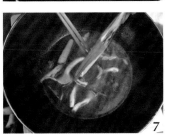

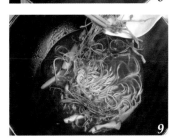

7. 加入鸡精、胡椒粉，搅拌均匀。

8. 放入煮熟的面条，搅拌均匀。

9. 放入豌豆苗，搅拌均匀，将豌豆苗煮断生，起锅装碗即可。

鲜菇面

🍲 **原料**

手擀面条300克
平菇60克

🥄 **调料**

植物油20毫升
郫县豆瓣酱20克
高汤600毫升
精盐4克

可选用花生油、
豆油、菜籽油

可用清水
代替

白糖2克
鸡精3克
老陈醋5毫升

可用味精代替
可用白醋代替

准备工作

1. 将面条、平菇准备好，放入盘中待用。

2. 平菇洗净，用手顺纹理撕成长条。

3. 将面条放入沸水中，煮约3分钟，捞出沥水。
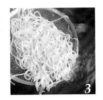

4. 将平菇放入热油锅中，炒片刻，捞出待用。

制作步骤

5. 锅中放入植物油，烧热后，放入郫县豆瓣酱，煸炒出味。

6. 放入高汤，搅拌均匀。

7. 放入平菇，搅拌均匀。

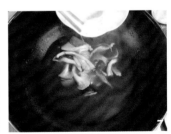

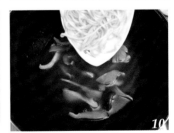

8. 加入精盐、白糖、鸡精，搅拌均匀。

9. 放入老陈醋，搅拌均匀。

10. 加入煮熟的面条，搅拌均匀，稍微煮片刻，即可装碗食用。

香菇牛肉汤面

🍲 **原料**

手擀面条300克　　水发木耳30克
牛肉150克　　　　大葱20克
水发香菇30克
小青菜30克

🥄 **调料**

植物油20毫升
高汤600毫升
淀粉20克
生抽5毫升

可选用花生油、
豆油、菜籽油
可用清水代替
可用生粉代替

精盐4克　　　　可用味精代替
鸡精3克
胡椒粉3克
小葱10克

🥄 准备工作

1. 将面条、牛肉、水发香菇、水发木耳、小青菜、大葱、小葱准备好，放入盘中待用。

2. 将牛肉洗净，剔除筋膜，切成小肉丁。

3. 将牛肉丁放入碗中，加入淀粉、精盐、生抽，抓匀。

4. 加抓匀后的牛肉丁腌制10分钟。

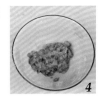

5. 把面条放入沸水中，煮约3分钟，捞出，放入凉水中待用。

Tips 美味提示

牛肉选择精肉或腿肉比较好。

6. 锅中放入植物油，烧热后，放入葱丝，煸炒出味。

7. 放入高汤，烧开后，放入水发香菇、水发木耳，复烧开。

制作步骤

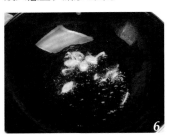

8. 一点点放入腌制的牛肉丁，加入精盐、鸡精，搅拌均匀。

9. 撇去浮沫，放入点小青菜（小青菜也可以和面条一起放入），煮约6分钟。

10. 放入煮熟的面条，撒入胡椒粉，搅拌均匀，起锅装碗即可。

猪心面

🍲 原料

手擀面条300克
猪心150克
小青菜30克

🥄 调料

高汤500毫升 ⸺ 可用清水代替
鸡精3克 ⸺ 可用味精代替
精盐4克

胡椒粉3克
老陈醋5毫升 ⸺ 可用白醋代替

🍴 准备工作

1. 将面条、猪心、小青菜准备好，放入盘中待用。

2. 猪心洗净，切成细条状。

3. 小青菜洗净，去根部，放入开水中，稍微氽烫下，捞出沥水。

4. 将猪心放入沸水中，复烧开。
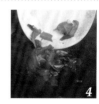

5. 撇去浮沫，煮约1分钟，将猪心捞出沥水。
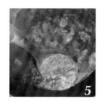

6. 将面条放入沸水中，煮约4分钟，捞出沥水，放入凉水中，待用。
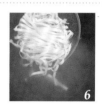

7. 锅中放入高汤，加入焯水后的猪心，烧开后，再继续煮约3分钟，然后放入面条，搅拌均匀，复烧开。

8. 放入鸡精、精盐，加入氽烫的小青菜，搅拌均匀。

制作步骤

9. 加入胡椒粉，搅拌均匀。

10. 加入老陈醋，搅拌均匀，再稍微煮片刻，起锅装盘即可。

猪里脊骨清汤面

🍵 原料

手擀面条300克
猪里脊骨150克
小青菜30克
大葱10克

🥄 调料

可用清水代替

高汤600毫升
鸡精3克
精盐4克
老陈醋5毫升

可用味精
代替

胡椒粉3克
老陈醋5毫升
姜5克

可用白醋代替

🧹 准备工作

1. 将面条、猪里脊骨、小青菜、大葱、姜准备好，放入盘中待用。

2. 大葱切成段，小青菜洗净，放入热水中，稍微氽烫后，捞出沥水。

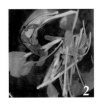

3. 面条放入沸水中，搅拌均匀，煮约4分钟，捞出沥水，放入凉水中。

⭐ Tips 美味提示

脊骨中含有大量骨髓，烹煮时柔软多脂的骨髓就会释出。

制作步骤

4. 锅中放入高汤，加入葱段、姜片、里脊骨、小青菜，烧开后小火煮约10分钟，再放入面条，搅拌均匀，复烧开。

5. 加入鸡精，搅拌均匀。

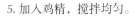

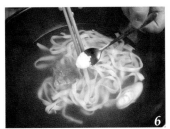

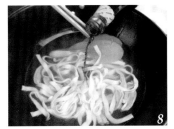

6. 放入精盐，搅拌均匀。

7. 放入胡椒粉，搅拌均匀。

8. 加入老陈醋，搅拌均匀，再稍微煮片刻，起锅装盘即可。

蛋黄酱拌意大利面

🍲 原料

意大利细面200克
苹果50克
梨50克

🍴 调料

蛋黄酱30克
味精4克

准备工作

1. 将意大利细面、苹果、梨、蛋黄酱备好待用。

2. 将梨洗净，削去外皮，去核。

3. 把去皮后的梨切成小块。

4. 苹果洗净，去皮，去核。

5. 把去皮后的苹果切成小块。

制作步骤

6. 将意大利细面放入沸水中，煮约8分钟。

7. 意大利细面煮熟透后，捞出沥水。

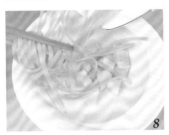

8. 将沥水后的意大利细面放入器皿中。

9. 再放入苹果块、梨块、蛋黄酱。

10. 用筷子搅拌均匀，装盘即可。

京酱肉丝拌宽面

🍲 原料

手擀面300克
猪肉100克
小葱10克

🥄 调料

葱油拌面调料包1包
橄榄油15毫升　可选用花生油、
生抽5毫升　　　豆油、菜籽油
熟油5毫升

精盐3克
鸡精3克　　　　可用味精代替
白醋5毫升　　　可用老陈
　　　　　　　　醋代替

🍳 准备工作

1. 将面条、猪肉、葱油拌面调料包、小葱准备好，放入盘中待用。

2. 将小葱洗净，去根部，切成葱花。

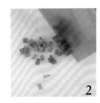

3. 猪肉洗净，剔除筋膜，切成猪肉丝。

4. 将面条放入沸水中，煮熟后，捞出沥水。

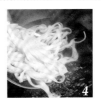

制作步骤

5. 把沥水后的面条用熟油拌匀后，装盘。

6. 锅中放入橄榄油，烧至六成热。

7. 将猪肉丝放入锅中，煸炒变色。

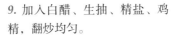

8. 加入葱油酱，翻炒均匀。

9. 加入白醋、生抽、精盐、鸡精，翻炒均匀。

10. 将肉丝炒熟后，放在面条上，撒上葱花即可。

三丝拌面

🥘 原料
手擀面条200克
金针菇40克
胡萝卜40克
青椒40克

🧂 调料
熟油5毫升
麻油10毫升
橄榄油10毫升
精盐3克

鸡精3克
胡椒粉3克

可用味精
代替

🍳 准备工作

1. 将面条放入沸水中，煮熟后捞出，用橄榄油拌匀待用。

2. 金针菇切去根部，洗净。

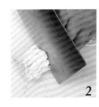

3. 将金针菇撕开，成一缕缕。

4. 将撕开的金针菇放入沸水中，焯水后，捞出沥水。

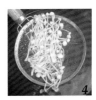

5. 将胡萝卜洗净，切成丝。

6. 青椒洗净，去根蒂、籽，切成丝。

7. 将胡萝卜丝、青椒丝焯水，捞出控水。

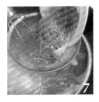

> **Tips 美味提示**
>
> 青椒应选择外观新鲜、厚实、明亮，肉厚；顶端的柄，也就是花萼部分是新鲜绿色的。

制作步骤

8. 将焯水后的胡萝卜、青椒丝与金针菇一起，放入器皿中。

9. 放入煮熟的面条，加入精盐、鸡精、胡椒粉。

10. 放入熟油、麻油，拌匀后，装入碗中即可。

银鱼拌面

🍲 原料

油面250克
小银鱼50克
红椒30克
小青菜30克

🧂 调料

辣椒油5毫升
花椒油3毫升
精盐3克 ⟍⟍ 可用味精代替
鸡精3克
胡椒粉2克

🍳 准备工作

1. 将面条、红椒、小银鱼、小青菜准备好，放入盘中待用。

2. 把小银鱼洗净后，放入沸水中，汆烫熟，捞出沥水。

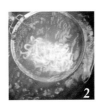

3. 小青菜洗净，去根部，然后切成小段。

4. 将小青菜段放入沸水中，汆烫断生后，捞出沥水。

5. 红椒洗净，去根蒂、籽，切成细丝。

Tips 美味提示

春夏两季时，银鱼的肉质最肥美。

---

6. 将小银鱼、小青菜、红椒丝放入器皿中。

7. 面条放入沸水中，煮约4分钟，捞出沥水。

制作步骤

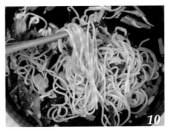

8. 将沥水后的面条放入盛有小青菜等的器皿中。

9. 加入精盐、鸡精、胡椒粉、辣椒油、花椒油。

10. 放入调料后，用筷子搅拌均匀，装盘即可。

肉酱拌意大利面

🍜 原料

意大利面200克
猪肉120克

🥄 调料

甜面酱50克
橄榄油20毫升 ⟋ 可用花生油代替
生抽5毫升
老陈醋5毫升

精盐3克
鸡精3克 ⟋ 可用味精代替
高汤30毫升 ⟋ 可用清水代替
小葱10克

🍳 准备工作

1. 将意大利面、甜面酱、猪肉、小葱准备好，放入盘中待用。

2. 把意大利面放入沸水中，煮约8分钟。

3. 意大利面煮熟透后，捞出，用橄榄油拌匀，放入盘中。

4. 猪肉洗净，剔除筋膜，切成肉丝。

5. 小葱洗净，去根部，切成小葱花。

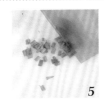

意大利面

6. 锅中放入橄榄油，烧至六成热，放入肉丝，将肉丝煸炒出肉香味。

7. 放入甜面酱，翻炒均匀。

制作步骤

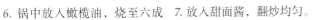

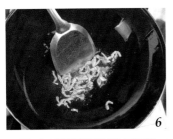

8. 加入生抽、老陈醋，翻炒均匀。

9. 加入精盐、鸡精，放入适量的高汤，烧开。

10. 将上步中炒好的肉酱浇在面上，撒上小葱花即可。

西红柿翡翠面

🍚 原料

菠菜60克
鸡蛋2只
西红柿60克
面粉300克

🥄 调料

植物油20毫升
高汤30毫升
精盐3克
鸡精2克

可选用花生油、豆油、菜籽油
可用清水代替

可用味精代替

胡椒粉3克
小葱10克

🍳 准备工作

1. 将菠菜、鸡蛋、西红柿、面粉准备好，待用。

2. 将菠菜洗净，放入果汁机中，打成汁。

3. 将面粉放入盆中，加入菠菜汁，和成菠菜面团

4. 将和好的菠菜面团放在案板上，撒上面粉，揉搓光滑，再擀成薄面皮。

5. 将擀好的面皮叠起，按照自己的喜好，切成宽度合适的面条，然后再撒上面粉，用手抖开，以防粘连。

⭐ **Tips 美味提示**

炒西红柿的时候应该多炒一会，让西红柿出汤。

6. 将擀好的面条放入沸水中，加入少许精盐，将面条煮熟，捞出盛放碗中。

7. 锅中加入植物油，烧热，倒入鸡蛋液，将鸡蛋炒熟后盛出。

制作步骤

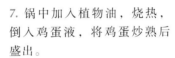

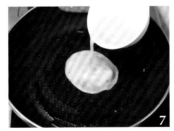

8. 再放入西红柿块，将西红柿块炒出汁。

9. 放入炒好的鸡蛋，翻炒均匀。

10. 加入精盐、鸡精、胡椒粉，倒入高汤，炒好后浇在煮熟的面条上，与小葱花一同拌食。

贝壳肉丝炒面

🍲 原料

贝壳面300克
猪肉100克
香菇30克
黄瓜30克

🥄 调料

橄榄油15毫升
精盐3克
鸡精3克
胡椒粉3克

可选用花生油、豆油、菜籽油

可用味精代替

🍳 准备工作

1. 将贝壳面、猪肉、香菇、黄瓜准备好，放入盘中待用。

2. 猪肉洗净，剔除筋膜，切成细丝。

3. 黄瓜洗净，先对半切，再切成薄片。

4. 香菇洗净，去根蒂，切成丝。

5. 把贝壳面放入沸水中，煮约8分钟，捞出沥水。

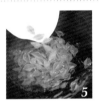

Tips 美味提示

猪肉应选择肌肉有光泽，红色均匀，脂肪呈乳白色；外观微干或湿润，不粘手。

制作步骤

6. 锅中放入橄榄油，烧热。

7. 放入肉丝，煸炒出香味，再放入香菇丝、黄瓜片，翻炒均匀。

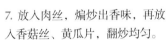

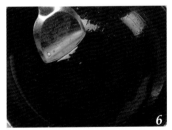

8. 加入煮过的贝壳面，翻炒均匀。

9. 加入精盐、鸡精、胡椒粉，翻炒均匀。

10. 炒匀后，起锅装盘即可。

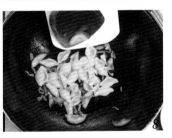

翡翠贝壳面

🍲 原料

贝壳面300克
西兰花100克
红尖椒10克

🥄 调料

橄榄油15毫升 ······ 可用花生油代替

生抽10毫升 ······ 可用黄酒代替

精盐3克

鸡精3克 ······ 可用味精代替

胡椒粉3克

🍳 准备工作

1. 将贝壳面、西兰花、红尖椒准备好，放入盘中待用。

2. 把贝壳面放入沸水中，煮约8分钟。

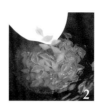

3. 将贝壳面煮透后，捞出沥水，然后放入凉水中，过凉水后，再捞出沥水。

4. 西兰花洗净，沿根茎处，改刀成小块。

5. 将西兰花放入沸水中，焯水后，捞出沥水。

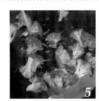

Tips 美味提示

红尖椒应选择色红，果皮坚实，大小均匀的。

6. 锅中放入橄榄油、烧热后，放入红尖椒、西兰花，翻炒均匀。

7. 放入贝壳面，翻炒均匀。

制作步骤

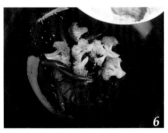

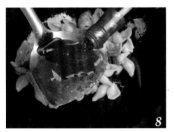

8. 加入生抽，翻炒均匀。

9. 放入胡椒粉、精盐、鸡精，翻炒均匀。

10. 炒约3分钟，起锅装盘，码放整齐即可。

牛肉丁炒面条

🥣 原料

手擀面条250克
牛肉120克
黄豆芽60克
小青菜30克

🥄 调料

橄榄油15毫升
孜然8克
淀粉20克
鸡精3克

可选用花生油、
豆油、菜籽油

红椒面5克
小葱10克
精盐3克

可用味精代替

🍳 准备工作

1. 将面条、牛肉、黄豆芽、小葱、小青菜准备好，放入盘中待用。

2. 牛肉洗净，剔除筋膜，切成肉丝。

3. 将牛肉丝放入小碗中，加入淀粉，抓匀。

4. 将面条放入沸水中，煮熟后，放入凉水中，再捞出沥水；黄豆芽焯水，捞出沥水待用。

制作步骤

5. 锅中放入橄榄油，烧至六成热，将牛肉丝放入锅中，煸炒变色。

6. 放入煮熟的面条，翻炒均匀。

7. 加入精盐、鸡精。

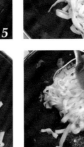

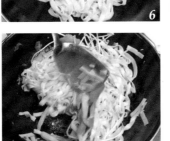

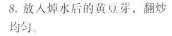

8. 放入焯水后的黄豆芽，翻炒均匀。

9. 放入洗净的小青菜，翻炒均匀。

10. 撒入红椒面、孜然，翻炒均匀，起锅装盘，撒上葱花即可。

青菜肉丝炒面

🍲 原料

🥄 调料

油面300克
猪肉100克
青菜50克
大葱20克

植物油15毫升
蚝油10毫升
老抽3毫升
淀粉20克

可选用花生油、豆油、菜籽油

精盐4克
鸡精3克
胡椒粉2克

可用味精代替

准备工作

1. 将面条、青菜、猪肉、大葱准备好；油面煮熟，捞出沥水，放入盘中待用。

2. 猪肉洗净，剔除筋膜，切成细丝。

3. 将猪肉丝放入碗中，加入老抽、精盐、淀粉，抓匀后，腌制10分钟。

4. 小青菜洗净，去根部，放入热水中，余烫后，捞出沥水。

制作步骤

5. 锅中放入植物油，烧热后，放入猪肉丝，煸炒出香味。

6. 放入大葱丝，翻炒均匀。

7. 放入小青菜段，翻炒均匀。

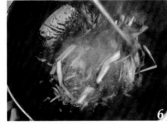

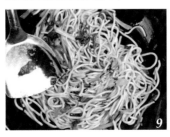

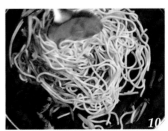

8. 放入煮熟的面条，翻炒均匀。

9. 加入精盐、鸡精、胡椒粉、蚝油，翻炒均匀。

10. 将面条炒熟后，起锅装盘即可。

羊肉孜然炒面

🍵 原料　　🥄 调料

　　　　　　　　　　　可用花生油、
　　　　　　　　　　　橄榄油代替

油面250克　植物油15毫升

羊肉120克　孜然5克

茭白30克　精盐3克

洋葱30克　味精3克　　　　可用鸡精
　　　　　　　　　　　　　代替

红椒丝20克　生抽5毫升

🍳 准备工作

1. 将油面、茭白、洋葱、羊肉、红椒丝准备好，放入盘中待用。

2. 羊肉放入沸水中，煮15分钟，捞出放凉，然后切成丝。

3. 洋葱洗净，切去根部，再切成细丝。

4. 茭白洗净，削去外皮，切成丝。

制作步骤

5. 锅中放入植物油，烧热后，放入羊肉，煸炒出香味，再放入茭白、洋葱，翻炒片刻。

6. 放入精盐，翻炒均匀。

7. 放入味精，翻炒均匀。

8. 加入生抽，翻炒均匀。

9. 放入煮熟的油面，加入红椒丝，翻炒均匀。

10. 放入孜然，翻炒片刻，起锅装盘即可。

茶树菇肉丁炒面

🍲 原料

油面250克
茶树菇70克
水发木耳30克
猪肉60克

🥄 调料

橄榄油15毫升 ----- 可用花生油、
　　　　　　　　　豆油代替
精盐3克
鸡精3克 ----- 可用鸡精代替
胡椒粉3克

🍳 准备工作

1. 将油面、茶树菇、水发木耳、猪肉准备好；油面煮熟后过凉水，捞出放入盘中待用。

2. 将茶树菇洗净，去根蒂，切成菱形段。

3. 猪肉洗净，剔除筋膜，切成肉丁。

4. 把茶树菇放入沸水中，焯水后，捞出沥水。

制作步骤

5. 锅中放入橄榄油，烧至六成热。

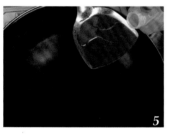

6. 放入猪肉丁，煸炒变色，放入茶树菇、水发木耳，翻炒均匀。

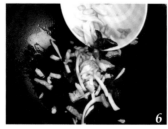

7. 加入精盐、鸡精，翻炒均匀。

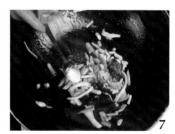

8. 放入煮熟的油面，翻炒均匀。

9. 加入胡椒粉，翻炒均匀。

10. 将油面炒透炒匀，起锅装盘即可。

面点

和发面团

🥣 **原料**　🥢 **调料**

面粉1000克　发酵粉10克

✎ 制作步骤

1. 将面粉、发酵粉放入盆中。

2. 加入温水，先用手拌匀，拌成面絮状。

3. 再用手反复地揉、压，将面絮和成面团。

4. 将和好的面团放在案板上，再揉搓片刻，揉搓光滑。

5. 然后将面团包上保鲜膜，进行醒发。

6. 面团醒发至原来面团的2~3倍，即醒发好。

基本馅料调制详细过程

🍲 原料　　　🥄 调料　　　╌ 可用麻油代替　　　╌ 可用清水代替

猪肉馅500克　　熟油15毫升　　　　　高汤20毫升

葱25克　　　　精盐6克　　　　╌ 可用味精代替　　生抽10毫升

姜25克　　　　鸡精3克　　　　　　　胡椒粉3克

制作步骤

1. 把姜刮去皮洗净，先切成薄片。

2. 将姜的薄片叠起，切成丝，再将丝切成姜末。

3. 大葱洗净，先切成细丝，再将细丝切成葱末。

4. 将葱姜末放入盘中，待用。

5. 把猪肉馅料放入器皿中。

6. 加入熟油（或者麻油），加入高汤。

7. 加入生抽。

8. 放入精盐、鸡精、胡椒粉，加入葱姜末，用筷子搅拌上劲，把高汤打进肉里。

9. 将做好的馅料腌制10分钟即成。既可以单独使用，也可以加入其他原料调制成复合馅料。

水饺皮的详细过程

🍜 **原料**

紫甘蓝300克
面粉500克
清水适量

制作步骤

1. 将紫甘蓝叶子洗净，切成小块，把切成小块的紫甘蓝叶子放入榨汁机中，打成汁。

2. 将打好的紫甘蓝汁放入面粉中（可以用纱布过去渣滓，也可以将渣滓放入面粉中）。

3. 放入紫甘蓝汁后，先用筷子搅拌均匀，拌成面絮状，不要太湿，也不能太干。

1

2

3

4. 将面粉和紫甘蓝汁拌均匀后，再用手通过压、揉等方式，和成面团。

5. 将和好的面团放在案板上，铺上面粉，揉搓光滑。

6. 再取小块的面团，揉搓成长条形面剂子，揉搓好后，用刀切成等均匀的小面团。

4

5

6

7

8

9

7. 把切好的小面团沾上面粉，用手将沾上面粉的小面团按压扁。

8. 再用擀面杖沿着四周将小面团擀成四周薄、中间稍厚的圆形饺子皮。

9. 擀好的饺子皮如图所示，即可用来包入调制好的馅料。

水饺基本包法详细过程

🍲 原料

面粉500克
温水适量

🔪 调料

饺子馅料400克

水饺工厂之旅

制作步骤

1. 将面粉放入盆中，加入适量的温水，先拌均匀。

1

2. 将面粉拌均匀后，再用手通过压、揉等方式，和成面团。

2

3. 将和好的面团放在案板上，铺上面粉，揉搓光滑。

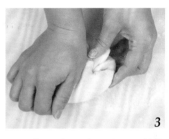
3

4. 再取小块的面团，揉搓成长条形面剂子；揉搓好后，用刀切成等均匀的小面团。

4

5. 把切好的小面团沾上面粉，按压扁，再用擀面杖擀成四周薄、中间稍厚的圆形饺子皮。

5

6. 取饺子皮，放入适量调制好的馅料，放入馅料后，将饺子皮先对折起来，在顶部捏紧。

6

7. 再用左手的食指和拇指夹住半边水饺。

7

8. 然后用右手抓住左手，如图所示，两只手同时用力，将水饺挤压成型。

8

9. 普通型的水饺就做好了，放入沸水锅中，煮熟即可食用。

9

白菜粉丝水饺

🥢 原料　　　🥄 调料

白菜500克　　　精盐5克
粉丝200克　　　胡椒粉3克 ····· 可用味精代替
菠菜水饺皮适量　鸡精3克
　　　　　　　　老抽5毫升

🧹 准备工作

1. 将白菜、粉丝准备好，放入盘中待用。

2. 将粉丝放入温水中，浸泡透。

3. 粉丝浸泡透后，捞出沥水，然后用刀压碎。

4. 白菜叶子掰开，洗净后放入沸水中，稍微余烫下，捞出沥水。

5. 将沥水后的白菜切成末。

6. 然后将白菜末挤出水分。

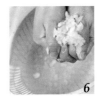

7. 将粉丝、白菜一起放入小盆中。

8. 加入精盐、胡椒粉、鸡精、老抽，拌均匀。

制作步骤

9. 取用菠菜汁制作的水饺皮，包入适量的馅料，然后捏成水饺。

10. 将包好的水饺放入沸水锅中，加入少许精盐，再加两次凉水烧开，煮约6分钟，将水饺煮熟，捞出装碗即可。

韭黄鸡蛋水饺

🥣 原料

鸡蛋2只
韭黄200克
胡萝卜水饺皮适量

🥄 调料

麻油10毫升
精盐3克········· 可用鸡精代替
味精2克
胡椒粉3克

🍳 准备工作

1. 将鸡蛋、韭黄准备好，放入盘中待用。

2. 鸡蛋打入碗中，加入少许精盐，用筷子打散。

3. 平底锅放入适量的油，烧热，倒入打散的鸡蛋液，煎成鸡蛋皮。

4. 将鸡蛋皮卷起，先切成丝后，再切成粒。

5. 韭黄摘去枯叶，洗净，切成末。

⭐ **Tips 美味提示**

鸡蛋皮应煎至两面金黄色。

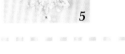

制作步骤

6. 将韭黄末、鸡蛋粒放入碗中。

7. 加入精盐。加入味精。

8. 加入胡椒粉、麻油，用筷子拌匀待用。

9. 取用胡萝卜汁制作的饺子皮，包入适量的馅料，然后捏成饺子形状。

10. 将捏好的饺子放入沸水中，加入适量的精盐，慢慢顺一个方向搅动，煮约7分钟，将水饺煮熟即可。

鸡肉冬笋水饺

🍲 原料

鸡脯肉400克
冬笋200克
姜末20克
胡萝卜水饺皮适量

🥄 调料

麻油10毫升
精盐5克 — 可用味精代替
鸡精3克
胡椒粉3克
小葱粒20克

🧹 准备工作

1. 将鸡脯肉、冬笋准备好，放入盘中待用。

1

2. 将冬笋剥去外皮，清洗干净，切成末，然后放入沸水中，稍微煮片刻，捞出沥水。

2

3. 鸡脯肉洗净，剔除筋膜，切成小丁。

3

制作步骤

4. 将切好的鸡脯肉丁放入碗中。

4

5. 加入姜末，加入切好的冬笋末。

5

6. 加入小葱粒，搅拌均匀。

6

7

8

9

7. 加入精盐、鸡精、胡椒粉、麻油，搅拌均匀。

8. 将馅料拌好后，腌制10分钟。

9. 取用胡萝卜汁制作的饺子皮，包入适量的馅料，然后捏成水饺，再放入沸水中，煮熟即可。

韭菜鸡蛋水饺

🍲 原料

鸡蛋2只
韭菜200克
面粉300克
菠菜100克

🔖 调料

麻油10毫升
精盐3克　　　可用味精代替
鸡精2克

🍳 准备工作

1. 将鸡蛋、韭菜准备好，放入盘中待用。

2. 韭菜摘去枯叶，洗净，切成末。

3. 鸡蛋打入碗中，用筷子打散。

4. 平底锅放入适量的油，烧热，倒入打散的鸡蛋液，煎成鸡蛋皮。

5. 将鸡蛋皮卷起，先切成丝后，再切成粒。

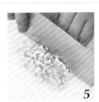

Tips 美味提示

韭菜洗的时候不要用力搓，洗净后要晾干。

6. 将韭菜末、鸡蛋粒放入碗中，加入精盐、鸡精、麻油，用筷子拌匀待用。

7. 面粉放入盆中，加入用菠菜打成的汁，和成菠菜面团。

制作步骤

8. 将菠菜面揉匀后，切成大小均匀的剂子，再用手压扁，擀成饺子皮。

9. 取饺子皮，包入适量的馅料，然后捏成饺子形状。

10. 将捏好的饺子放入沸水中，加入适量精盐，慢慢顺一个方向搅动，煮约7分钟，将水饺煮熟。

韭黄木耳饺

🍂 原料

面粉300克
水发木耳200克
韭黄200克
小葱10克

🥄 调料

精盐5克 ⟿ 可用味精代替
鸡精3克
胡椒粉3克 ⟿ 可用老抽代替
酱油5毫升

🖌 准备工作

1. 将面粉放入盆中，加入适量的温水，先拌均匀，再用手通过压、揉等方式，和成面团。

1

2. 将和好的面团放在案板上，铺上面粉，揉搓成长条形面剂子；揉搓好后，用刀切成等均匀的小面团。

2

3. 把切好的小面团沾上面粉，按压扁，再用擀面杖擀成四周薄、中间稍厚的圆形饺子皮。

3

4. 将水发木耳洗净，切去根蒂，再切成粒。

4

5. 韭黄洗净，切成韭黄粒。

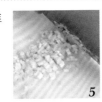
5

制作步骤

5. 将切碎的韭黄粒、木耳粒放入小盆中。

6. 加入小葱粒。

7. 加入精盐、鸡精、胡椒粉。

5

6

7

8

9

10

8. 放入酱油，搅拌均匀。

9. 取饺子皮，放入做好的馅料。

10. 将水饺皮对折后，再将边缘捏紧。最后，将水饺放入沸水中，将水饺煮熟，捞出装盘即可。

三鲜水饺

🍲 原料

面粉500克　　干香菇50克
虾仁400克　　猪肉馅400克
韭黄150克

🥄 调料

老抽5毫升 ⟩ 可用酱油代替
精盐5克
鸡精3克 ⟩ 可用味精代替

韭菜鲜肉虾仁
蒸饺

🍳 准备工作

1. 将面粉放入盆中，加入适量的温水，先拌均匀，再用手通过压、揉等方式，和成面团。

2. 将和好的面团放在案板上，铺上面粉，揉搓成长条形面剂子；揉搓好后，用刀切成等均匀的小面团。

3. 把切好的小面团沾上面粉，按压扁，再用擀面杖擀成四周薄、中间稍厚的圆形饺子皮。

4. 将基围虾焯水后，剥掉外壳，将虾仁剁成虾蓉。

5. 韭黄洗净，先切成段，再切成韭黄粒。

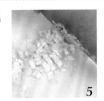

6. 干香菇用温水泡发后，去根蒂，切成小粒。

7. 将剁碎的虾仁放入器皿中，加入老抽，拌均匀。

8. 再放入韭黄粒、香菇粒。

制作步骤

9. 放入猪肉馅，加入精盐、鸡精，拌均匀。

10. 取饺子皮，放入馅料，包成水饺，放入沸水中，复烧开，稍微煮片刻，加入凉水，再烧开，继续煮约3分钟，捞出装盘。

酸汤水饺

🍲 原料

面粉300克
水饺馅料300克
西红柿70克
酸菜40克

🥢 调料

高汤
精盐5克　　可用味精代替
鸡精3克　　可用白醋代替
老陈醋5毫升
胡椒粉3克

🍳 准备工作

1. 将面粉放入盆中，加入温水，和成面团。

2. 将面团和好后，先揉搓成长条形，再切成均匀的小面剂子。

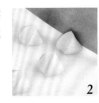

3. 然后将小面剂子拍上面粉，擀成直径约6厘米的圆形饺子皮。

4. 取饺子皮，放入约20克馅料（任意口味的馅料）。

制作步骤

5. 放入馅料后，先将饺子皮对折，将顶部捏紧，然后再用双手挤压成型。

6. 将西红柿洗净，对半切开，切去根蒂，再切成薄片。

7. 锅中放入高汤，烧开后，放入酸菜段、西红柿片，复烧开。

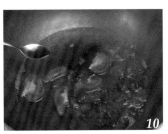

8. 放入精盐、鸡精，搅拌均匀。

9. 放入调料后，煮约5分钟，将西红柿煮烂。

10. 放入老陈醋、胡椒粉，搅拌均匀，再放入水饺，将水饺煮熟即可。

鲜虾韭黄饺

🍲 原料

和好的面团400克
基围虾400克
韭黄300克

🔖 调料

精盐5克
鸡精3克
老抽5毫升
胡椒粉3克

准备工作

1. 将和好的面团先揉搓成长条形，再切成大小均等的剂子。

2. 将小面剂子沾上面粉，压扁，擀成边缘薄、中心稍厚、直径约6厘米的圆形饺子皮。

3. 韭黄择洗干净，切成韭黄碎。

制作步骤

4. 基围虾放入沸水中，焯水后，捞出沥水。

5. 将沥水后的基围虾剥掉外壳，再剁碎。

6. 把剁碎的虾仁放入小盆中。

7. 加入精盐、鸡精，放入老抽、胡椒粉。

8. 放入韭黄碎，搅拌均匀。

9. 取擀好的饺子皮，放入约20克的馅料，包好后，将水饺放入沸水中，煮熟，捞出沥水装盘即可。

小煎饺

🥟 **原料**　　　　　自己喜欢的
　　　　　　　　　馅料即可
面粉500克
饺子馅料400克

🥄 **调料**
　　　　　　　　可选用花生油、
植物油25毫升　　豆油、菜籽油

🔧 准备工作

1. 将面粉放入盆中，加入适量的温水，先拌均匀。

2. 再用手通过压、揉等方式，和成面团。

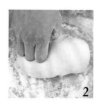

3. 将和好的面团放在案板上，铺上面粉，揉搓成长条形面剂子。

制作步骤

4. 揉搓好后，用刀切成等均匀的小面团。

5. 把切好的小面团沾上面粉，按压扁，再用擀面杖擀成四周薄、中间稍厚的圆形饺子皮。

6. 取饺子皮，放入猪肉芹菜馅料（可以是自己喜欢的任意口味的馅料），包成水饺形状。

7. 电饼铛烧热，抹上植物油，放入包好的水饺，煎片刻。

8. 倒入适量的清水，再煎约5分钟。

9. 将饺子煎熟，底部呈金黄色，装盘即可。

猪肉大白菜水饺

🍲 原料

饺子皮适量
大白菜500克
猪肉馅400克

🖌 调料

生抽10毫升
熟油5毫升
精盐5克
鸡精3克

可用味精代替

可用酱油代替

老抽5毫升
白糖3克
葱20克
姜20克

🖌 准备工作

1. 将大白菜洗净，切成块，放入沸水中，焯水后，捞出沥水。

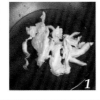

2. 把沥水后的大白菜剁碎。

3. 把大白菜剁碎后，挤去水分，放入猪肉馅料中。

4. 葱姜分别洗净，剁成末。

制作步骤

5. 将葱姜末放入猪肉馅料中。

6. 加入精盐、鸡精。

7. 再加入生抽、老抽。

8. 放入白糖。

9. 放入调料后，搅拌均匀，不停地搅拌上劲。

10. 最后，取饺子皮，包入馅料，然后将包好的水饺放入沸水中，煮熟后捞出放入盘中，淋上熟油，以防粘连即可。

猪肉馄饨

🍲 原料　　　🧴 调料

面粉400克　　麻油10毫升　　　可用酱油代替　　精盐5克
猪肉500克　　老抽5毫升　　　　　　　　　　　　鸡精3克

🔪 准备工作

1. 将面粉放入盆中，加入精盐、温水，先拌均匀，再和成面团。

2. 将和好的面团放在案板上，铺上面粉，揉搓至光滑。

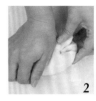

3. 然后将面团用擀面杖擀成薄薄的皮，再将皮用刀划成正方形的馄饨皮。

制作步骤

5. 将猪肉馅料放入器皿中，加入精盐、鸡精、老抽、麻油，搅拌上劲。

6. 取馄饨皮，包入适量的馅料。

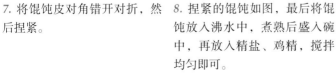

7. 将馄饨皮对角错开对折，然后捏紧。

8. 捏紧的馄饨如图，最后将馄饨放入沸水中，煮熟后盛入碗中，再放入精盐、鸡精，搅拌均匀即可。

羊肉玉米水饺

🥣 原料

面粉500克
羊肉馅400克
罐装玉米粒200克

🥄 调料

精盐5克　　可用味精代替
鸡精3克　　可用酱油代替
老抽5毫升
胡椒粉3克

准备工作

1. 将面粉放入盆中，加入适量的温水，先拌均匀，再用手通过压、揉等方式，和成面团。

2. 将和好的面团放在案板上，铺上面粉，揉搓成光滑的面团。

3. 将揉搓好的面团再揉成长条形面剂子，揉搓好后，用刀切成等均匀的小面团。

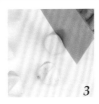

4. 把切好的小面团沾上面粉，按压扁，再用擀面杖擀成四周薄、中间稍厚的圆形饺子皮。

制作步骤

5. 将羊肉馅放入小盆中，加入精盐、鸡精、老抽、胡椒粉。

6. 放入罐装玉米，搅拌上劲。

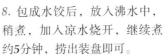

7. 取一张饺子皮，放入约20克的馅料。

8. 包成水饺后，放入沸水中，稍煮，加入凉水烧开，继续煮约5分钟，捞出装盘即可。

三鲜锅贴

🍵 原料

面粉500克
猪肉馅200克
虾仁馅100克
韭菜100克

🔪 调料

植物油20毫升
精盐2克
鸡精2克

可选用花生油、豆油、菜籽油

可用味精代替

准备工作

1. 把猪肉馅、虾仁馅、韭菜粒分别准备好，放入器皿中。

2. 加入精盐。

3. 放入鸡精。

4. 搅拌均匀，腌制10分钟。

5. 将面粉用温水先拌均匀，再揉搓成面团。

6. 把揉搓好的面团切成大小均等的剂子（和水饺剂子一样大）。

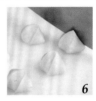

7. 将切好的剂子擀成圆形面皮。

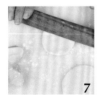

三鲜饺

制作步骤

8. 取适量的馅料，包入面皮中，将面皮对折，捏紧。

9. 将面皮的四周都捏紧，放入盘中待用。

10. 锅中放入植物油，烧热后，放入做好的三鲜饺，加少许清水，将其煎熟即可。

大葱花卷

🍲 原料

🥄 调料

面粉500克
大葱30克

发酵粉5克
植物油20毫升

可选用花生油、
豆油、菜籽油

白糖3克

精盐3克

🍳 准备工作

1. 将面粉、发酵粉、白糖、大葱准备好，待用。

2. 将大葱放入油锅中，煸炒出香味，捞出切碎。

3. 将面粉、发酵粉、白糖放入盆中，加入温水（或者将发酵粉、白糖放入温水中，化开）。

4. 将面粉和成面团，把面团用保鲜膜盖起来，将面团发酵至原来的2~3倍大。
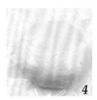

制作步骤

5. 取出发酵好的面团，揉搓均匀，擀成薄面饼，撒上精盐，抹上煸炒后的葱及油。

6. 然后将面饼卷起，如图。

7. 再将卷起的面团切成大小均匀的面剂子。

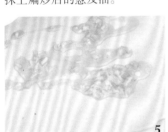

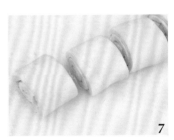

8. 取一个面剂子，用一根筷子横着压一下。

9. 再用手将两头捏一起。

10. 把做好的花卷生坯放入蒸锅箅子上，盖上锅盖，再醒发约**15分钟**；然后蒸约**15分钟**，关火后虚蒸**3分钟**即可。

巧克力馒头

🍲 原料
面粉1000克
巧克力粉100克

🥄 调料
发酵粉10克

巧克力甜点

制作步骤

1. 将巧克力粉放入盘中待用。

2. 将面粉和发酵粉放入盆中。加入巧克力粉，搅拌均匀，再加入温水，用手搅拌均匀。将面粉和成面团，然后用保鲜膜盖起来，醒发至2倍大。

3. 将醒发好的面条揉搓成长条形面团，再切成等匀的馒头生坯。将馒头生坯放入蒸笼，再醒发10分钟，然后放入蒸锅蒸约15分钟，关火虚蒸3分钟即可。

玉米馒头

🍲 原料　　　　　🥄 调料

白面粉500克　　　发酵粉5克
玉米面粉300克　　白糖5克

馒头

制作步骤

1. 将玉米面粉、白面粉、发酵粉、白糖准备好，待用。

2. 将上述所有的原料放入盆中，加入温水，拌均匀。将面粉拌均匀后，揉搓成面团，然后醒发成发面团。

3. 将发面团揉成长条形面团，再切成等匀的馒头生坯。将馒头生坯放入蒸笼中，放入蒸锅，上汽后，蒸约15分钟，再关火虚蒸3分钟即可。

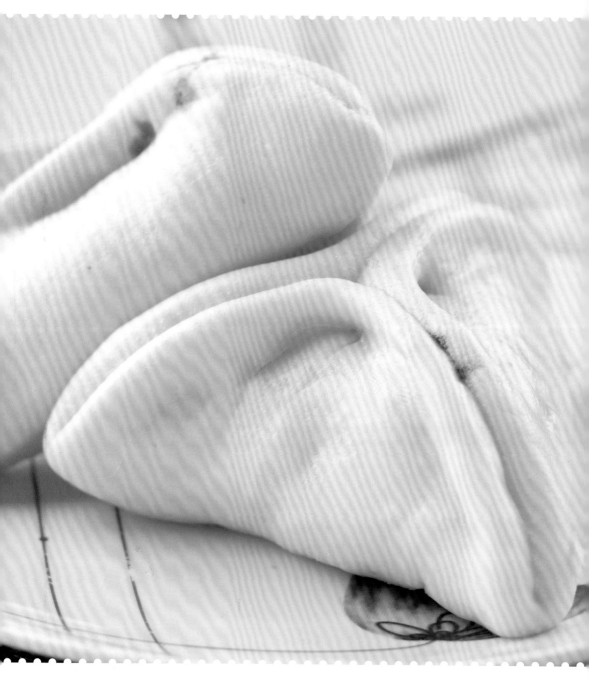

糖三角

🍚 原料　　　🥄 调料

面粉800克　　发酵粉8克　　白糖80克

🍳 准备工作

1. 将面粉、白糖、发酵粉准备好，放入盘中待用。

2. 将面粉、发酵粉放入盆中，加入温水，拌均匀。

3. 将拌均匀的面粉和成面团，然后揉搓均匀，进行醒发。

4. 将面团醒发至原来的2～3倍。

制作步骤

5. 把发面团用面粉揉搓下，揪成大小一样的剂子。

6. 把剂子擀成圆形面皮。

7. 取适量的白糖，放入面皮。

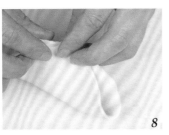

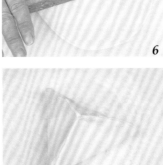

8. 将圆分三等分，从那三个点一起往中心折叠，然后捏紧。

9. 把捏紧的糖三角生坯再醒发15分钟（醒发时盖上布）。

10. 然后把糖三角放入蒸锅箅子上，上汽后蒸约15分钟，关火虚蒸3分钟即可。

家常小笼包

🍲 原料

面粉500克
猪肉馅400克

🥄 调料

发酵粉5克
熟油15毫升
高汤20毫升
葱、姜各15克

精盐6克
鸡精3克　　　可用味精代替
老抽3毫升　　　可用酱油代替

🥄 准备工作

1. 将面粉、发酵粉、猪肉馅、葱姜准备好，放入盘中待用。

2. 用面粉和发酵粉加温水，和成发面团（详细过程参见"发面团的制作"）。

3. 将小葱洗净，切成粒；姜去皮洗净，切成丝。
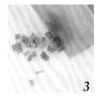

4. 猪肉馅料放入器皿中，加入熟油。

5. 放入高汤。

6. 加入精盐、鸡精、老抽。

7. 放入小葱粒、姜丝，不停地搅拌上劲，腌制10分钟。

Tips 美味提示

搅肉馅时要向一个方向搅拌，搅上劲。

> 制作步骤

8. 将醒发好的面团揉搓均匀后，擀成大小合适的圆形面皮。

9. 取面皮，放入适量的馅料，用大拇指和食指旋转着捏出18个左右的褶。

10. 将做好的包子放入蒸锅算子上，盖上锅盖，再醒发10分钟，然后大火蒸约15分钟，关火虚蒸3分钟即可。

韭菜鸡蛋包

🥚 原料　　　　🥄 调料

发面团400克　　麻油15毫升

鸡蛋2只　　　　精盐6克　　　可用味精代替

韭菜300克　　　鸡精3克

🍳 准备工作

1. 将鸡蛋、韭菜准备好，放入盘中待用。

2. 韭菜摘去枯叶，洗净，切成末。

3. 鸡蛋打入碗中，用筷子打散。

4. 平底锅放入适量的油，烧热，倒入打散的鸡蛋液，煎成鸡蛋皮。

5. 将鸡蛋皮卷起，先切成丝后，再切成粒。

6. 将韭菜末、鸡蛋粒放入碗中。

7. 加入精盐、鸡精、麻油，用筷子拌匀待用。

Tips 美味提示

　　韭菜放在碱水中泡10分钟取出用水冲洗干净，这样，可以使韭菜蒸出来颜色是绿的。

🥄 制作步骤

8. 取发面团，先将发面团揪成大小均匀的剂子，再擀成圆形包子皮。

9. 取包子皮，放入适量的馅料，捏成包子形状（约16个褶即可）。

10. 将包好的包子生坯放入蒸锅箅子上，大火将水烧开，上汽后，蒸约10分钟即可。

萝卜小笼包

🍵 **原料**

发面团500克
猪肉馅400克
白萝卜150克
青椒60克

🥄 **调料**

麻油15毫升
高汤20毫升 ⸱⸱⸱ 可用清水代替
精盐6克
鸡精3克 ⸱⸱⸱ 可用味精代替

生抽10毫升
葱、姜各15克

🍴 准备工作

1. 将发面团（发面团详细过程参见"发面团的制作"）、猪肉馅、白萝卜、青椒、葱姜准备好，待用。

2. 青椒洗净，去根蒂、籽，先切成细丝，再切成蓉。

3. 白萝卜洗净，用切丝器切成细丝。

4. 将切好的白萝卜丝再用刀剁碎。

5. 然后将白萝卜碎放入布中，挤出水分。

6. 将挤出水分的白萝卜及猪肉馅、青椒碎、葱姜碎一起放入器皿中。

7. 再加入精盐、鸡精、生抽、麻油、高汤，用筷子搅拌均匀，腌制10分钟。

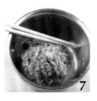

⭐ Tips 美味提示

　　白萝卜应选择个体大小均匀，根形圆整、表皮光滑、皮色正常、无开裂、分叉，比重大，分量较重，掂在手里沉甸甸的。

制作步骤

8. 取发面团，将发面团先制成大小均等的剂子，再擀成圆形包子皮。

9. 取面皮，放入馅料，用大拇指和食指旋转着捏出16个左右的褶。

10. 将做好的包子放入蒸锅箅子上，盖上锅盖，再醒发10分钟，然后大火蒸约12分钟，关火虚蒸3分钟即可。

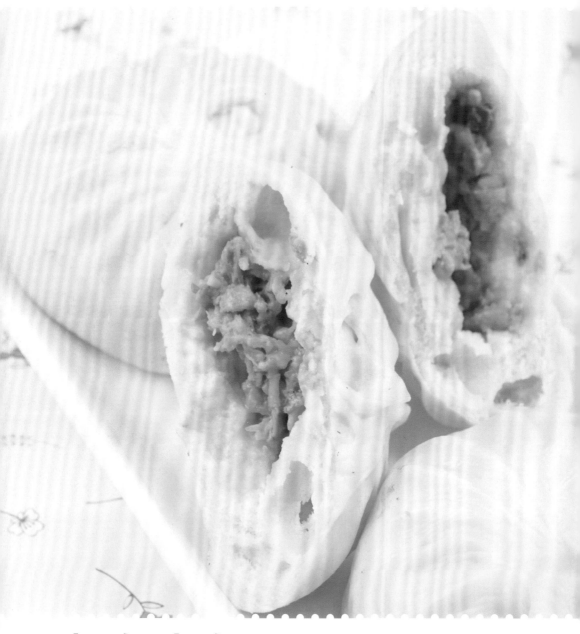

牛肉大包

🍲 原料　　　🥄 调料

发面团500克　熟油15毫升 ┈ 可用清水代替　　精盐6克 ┈ 可用味精代替
牛肉馅400克　高汤20毫升　　　　　　　　鸡精3克
青椒60克　　　生抽10毫升　　　　　　　　老抽3毫升 ┈ 可用酱油代替

🖌 准备工作

1. 将青椒洗净，去除根蒂、籽，切成细丝，再剁成蓉。

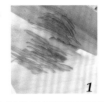

2. 把牛肉馅放入器皿中，放入精盐、鸡精。

3. 加入熟油。

4. 加入高汤。

5. 加入老抽、生抽。

6. 放入青椒蓉，搅拌均匀，然后腌制10分钟。

7. 将发面团先搓成长条剂子，再切成大小均匀的面剂子。

8. 将面剂子擀成圆形薄皮。

制作步骤

小白菜酱肉包

9

10

9. 取适量馅料，放入包子皮，用食指和中指折叠出18个左右的褶。

10. 将包好的牛肉大包放入蒸锅箅子上，盖上锅盖，上汽后蒸约15分钟，再关火虚蒸4分钟即可。

素菜包

🍵 原料　　🥄 调料　　⸺ 可用味精代替

发面团500克　熟油15毫升　鸡精3克
小油菜600克　精盐6克　　胡椒粉5克

🍳 准备工作

1. 将小油菜叶子洗净，放入沸水中，焯水后，捞出沥净水分。

2. 将沥水后的小油菜先切成粒。

3. 再将小油菜粒切碎。

4. 把小油菜蓉放入小盆中，加入精盐、鸡精。

5. 放入熟油、胡椒粉，搅拌均匀。

Tips 美味提示

素菜包最好当顿吃完，因为烹煮熟的蔬菜放置时间最好不要超过4个小时。

6. 取发面，先将发面揉搓成长条形面剂，再切成大小均匀的面剂子。

7. 再将面剂子擀成圆形面皮。

制作步骤

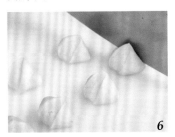

8. 取面皮，放入适量的馅料。

9. 然后将面皮沿边缘捏成包子形状（约有**18**个褶）。

10. 将捏好的包子放入蒸锅箅子上，盖上锅盖，上汽后蒸约**12**分钟，再关火虚蒸**3**分钟即可。

酸菜包

🍲 原料

面粉300克
猪肉馅400克
酸菜300克

🧴 调料

发酵粉3克
麻油15毫升
高汤20毫升 *可用清水代替*

精盐6克
鸡精3克 *可用味精代替*
胡椒粉4克

🧹 准备工作

1. 将猪肉馅、酸菜准备好，放入盘中待用。

2. 将酸菜洗净，切成末。

3. 把猪肉馅和酸菜末放入小盆中。

4. 加入精盐、鸡精、胡椒粉、麻油、高汤，搅拌均匀。

5. 将馅料调均匀后，再搅拌上劲，腌制10分钟。

6. 用面粉和发酵粉加适量温水，醒发成发面团（详细过程见"发面团制作"）。

7. 将发面团先揪成大小均匀的面剂子，再擀成包子皮。

8. 取包子皮，放入适量的馅料。

制作步骤

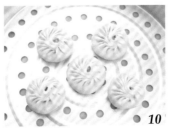

9. 将包子皮沿边缘捏成均匀的褶。

10. 把包子包好后，放入蒸锅箅子上（锅中放足量的水），盖上锅盖，大火烧开，上汽后，蒸约**13**分钟，关火，再虚蒸3分钟。

鸡冠小笼包

🍲 原料

发面团500克
猪肉馅料500克

🥄 调料

熟油15毫升
高汤20毫升
精盐6克　　可用味精代替
鸡精3克

老抽4毫升　　可用酱油代替
葱末15克
姜末15克

🧹 准备工作

1. 将面粉加入发酵粉，用温水和成面团，醒发成发面团（详细过程见"发面团制作"）。

2. 将准备好的猪肉馅料放入小盆中。

3. 再加入熟油。

4. 然后加入高汤。

5. 最后加入老抽、精盐、鸡精，放入葱姜末，用筷子不停地顺时针搅拌5分钟，再腌制10分钟。

鸡冠小笼包

6. 将发面团揉搓成长条面剂，再切成等匀的小面剂子，然后擀成圆形面皮。

7. 取面皮，放入适量的猪肉馅料，先对折，将边缘捏紧。

制作步骤

8. 再将边缘捏成波浪型，呈鸡冠状。

9. 然后如图所示，用两只手将生坯定型。

10. 定型后的生坯如图所示；然后将此生坯放入蒸锅箅子上，大火蒸约12分钟即可。

三鲜小包

🍚 原料

面粉300克
基围虾200克
猪肉馅150克
鸡脯肉150克
干香菇20克

🥄 调料

发酵粉3克
精盐6克　　可用味精代替
鸡精3克
葱姜各20克
生抽10毫升

麻油15毫升　　可用清水代替
高汤20毫升

🧹 准备工作

1. 将基围虾、香菇、猪肉馅、鸡脯肉、面粉、发酵粉、葱姜准备好，放入盘中待用。

2. 用面粉和发酵粉加温水和成发面团。

3. 鸡脯肉洗净，剁成茸。

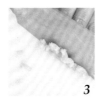

4. 干香菇洗净，泡发后，切去根蒂；葱姜洗净，剁成茸。

5. 然后将泡发香菇切成小粒。

6. 基围虾焯水后，剥去外壳，剁成小粒。

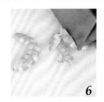

7. 将鸡脯肉、香菇粒、猪肉馅、葱姜茸、虾仁，放入精盐、鸡精、生抽、高汤、麻油。

8. 放入所有的原料和调料后，搅拌上劲。

制作步骤

9. 用发面擀成面皮，包入适量的馅料，捏成包子形状。

10. 将捏好的包子放入蒸锅箅子上，盖上锅盖，上汽后蒸约12分钟，再关火虚蒸3分钟即可。

葱油饼

🍥 原料

面粉500克
小葱20克
胡萝卜20克

🥄 调料

发酵粉5克
植物油20毫升
白糖3克

可选用花生油、
豆油、菜籽油

精盐3克
胡椒粉3克

🍴 准备工作

1. 将面粉、发酵粉、白糖准备好，待用。

2. 将面粉、发酵粉、白糖放入盆中，加入温水（或者将发酵粉、白糖放入温水中，化开）。

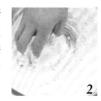

3. 放入温水后，用手拌匀，将面粉和成面团，把面团用保鲜膜盖起来，将面团发酵至原来的2～3倍大。

制作步骤

4. 取出发酵好的面团，揉搓均匀，擀成薄面饼，抹上植物油，撒上精盐、小葱粒、胡萝卜粒。

5. 撒上胡椒粉，用手抹匀。

6. 然后将面饼卷起，如图。

7. 再将卷起的面团压扁，压扁后叠起。

8. 再用擀面杖擀开。

9. 将擀好的面饼放入油锅中（最好是用平底锅，或者是用电饼铛），煎至两面金黄，取出，切成规则的形状即可。

豆沙饼

🥘 原料

面粉500克
豆沙100克

🍶 调料

植物油30毫升
发酵粉5克
白糖5克

可选用花生油、
豆油、菜籽油

🍳 准备工作

1. 将面粉、发酵粉、白糖、豆沙准备好，放入盘中待用。

2. 将面粉、发酵粉、白糖放入盆中。

3. 加入温水（或者将发酵粉、白糖放入温水中，化开），用手拌匀。

4. 然后将面粉和成面团，再将面团发酵至原来的2倍大。

制作步骤

5. 取出发酵好的面团，揉搓均匀，然后擀成大小合适的面皮。

6. 将豆沙均匀地放入面皮中。

7. 取其中一份，将豆沙包入面皮中。

8. 包严实，收紧口。

9. 再将包好的豆沙饼整理成型，放入盘中。

10. 将豆沙饼放入油锅中（或者放入电饼铛），煎至两面金黄即可。

广式黄金饼

🍚 原料

面粉500克　　油炸花生米40克
猪肉300克　　黑芝麻10克
干香菇20克　　豆腐卤汁20毫升

🥢 调料

植物油500毫升
发酵粉5克
精盐2克

实际耗约20毫升

鸡精1克
白糖2克

可用味精代替

🍳 准备工作

1. 将面粉、发酵粉、白糖、干香菇、猪肉、油炸花生米、黑芝麻、豆腐卤汁准备好，待用。

2. 将猪肉洗净，剔除筋膜，切成丁。

3. 干香菇放入温水中，浸泡透。

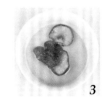

4. 将浸泡透的香菇捞出沥水，去根蒂，切成丁。

制作步骤

5. 将猪肉丁、香菇丁、花生米（最好剁碎）、豆腐卤汁放入小碗中，拌匀。

6. 加入精盐、鸡精、白糖，搅拌均匀。

7. 将面粉、发酵粉加温水和成发面团（详细过程参见前面发面团做法），将发面团包入馅料。

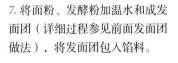

8. 将面饼包严实，撒上黑芝麻，再醒15分钟。

9. 将醒好的面饼放入蒸锅蒸熟。

10. 将蒸熟的饼再放入油锅中，炸至表面金黄即可。

鸡蛋饼

🍚 原料

面粉500克
鸡蛋2只
芝麻20克

🧂 调料

发酵粉5克
植物油30毫升
精盐5克
小葱30克

可选用花生油、
豆油、菜籽油

🖌 准备工作

1. 将面粉和发酵粉放入盆中，加入温水，用手拌匀后，再和成面团。

2. 将面团揉搓上劲，揉约4分钟。

3. 把揉搓好的面团用保鲜膜盖起，醒发约2小时（根据气温而定）。

制作步骤

4. 将醒发好的面团擀成面饼；刷上植物油，撒上精盐、小葱，抹匀后，卷起。

5. 将卷起的面饼收口处捏紧。

6. 两头收口处也捏紧。

4

5

6

7

8

9

7. 然后叠起，再擀开。

8. 刷上鸡蛋液，撒上芝麻。

9. 放入平底锅，煎至两面金黄即可。

家常酥饼

🥣 原料　　🧂 调料　　可选用花生油、
　　　　　　　　　　　豆油、菜籽油
面粉500克　植物油50毫升　　熟油20毫升
发酵粉5克　精盐3克　　　　味精4克

豆渣变身香
酥饼

🔪 准备工作

1. 将面粉、发酵粉放入盆中，加入温水，拌均匀后，和成面团。

2. 将和好的面团揉搓上劲。

3. 然后将面团醒发至2-3倍大。

4. 再取部分的面粉，加入熟油，搅拌均匀。

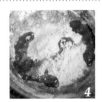

制作步骤

5. 将面粉和成油面团，如图。

6. 用发好的面团包上油面团。

7. 将包好的面团擀成薄饼状，抹上精盐、味精，然后再卷起。

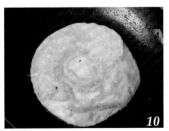

8. 卷起后，再卷成图中的形状。

9. 将卷好的面饼擀成薄饼。

10. 锅中放入植物油，烧热后，放入擀好的面饼，煎至两面金黄即可。

枣饼

🍂 原料

面粉700克
红枣60克

🥄 调料

发酵粉7克
白糖10克
味精4克

🖌 准备工作

1. 将面粉、发酵粉、白糖、红枣准备好，待用。

2. 将面粉、发酵粉、白糖放入盆中，加入温水，拌均匀。

3. 把面粉用温水拌均匀后，和成面团，进行醒发。

4. 把和好的面团用保鲜膜包起，醒发至原来的2-3倍大。

5. 把发面团揉搓均匀后，揪成大小合适的面剂子。

⭐ Tips 美味提示

做好的枣饼一定要二次醒发。

---

6. 将面剂子擀成圆形面皮。

7. 红枣洗净，去除枣核。

🍴 制作步骤

8. 取四颗红枣，在半圆的地方错开放上。

9. 先将另外一半的面皮对折过来。

10. 再对折一起，将做好的枣饼再醒发10分钟，然后放入蒸锅蒸熟即可（蒸法和蒸馒头一样）。

韭菜盒子

🍵 原料

龙口粉丝100克
韭菜100克
鸡蛋2只
春卷皮约6张
面粉糊少许

🥄 调料

植物油50毫升
精盐2克
生抽5毫升
白糖2克

可选用花生油、
豆油、菜籽油

🧹 准备工作

1. 将龙口粉丝放入温水中，浸泡透，捞出沥水，切碎。

2. 韭菜洗净，切去头尾，也切碎。

3. 将鸡蛋打入小碗中，用筷子打散。

4. 将打散的鸡蛋液放入油锅中，炒成鸡蛋碎。

5. 将韭菜粒、粉丝、鸡蛋碎放入盘中，加入精盐、生抽、白糖，拌匀。

Tips 美味提示

初春时节的韭菜品质最佳，晚秋的次之，夏季的最差，有"春食则香，夏食则臭"之说。

制作步骤

6. 将拌匀的馅料放入春卷皮上。

7. 从四个角往中间叠，用面粉糊沾上封口。

8. 电饼铛烧热，刷上植物油，放入韭菜盒子，煎至金黄即可。

美味春卷

🍲 原料

韭菜70克　　　干香菇20克
绿豆芽50克　　春卷皮适量
火腿肠50克　　鸡蛋糊少许

🥄 调料　　　　实耗约50毫升

植物油500毫升
精盐3克

🧹 准备工作

1. 将韭菜洗净，切成3 厘米长的段。

1

2. 绿豆芽洗净，摘去 头尾。

2

3. 火腿肠去掉包装，切 成3厘米长的丝。

3

4. 干香菇放入温水中， 浸泡软透。

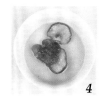

4

5. 将泡透的香菇捞出沥 水，去根蒂切成丝； 然后将上述原料放入 沸水中，加入精盐， 焯水后，捞出沥水。

5

⭐ **Tips** 美味提示

卷春卷时最好手 也保持湿润，这样春 卷皮不易被手撕破。

---

6. 将沥水后的原料整齐地码放 在春卷皮上。

7. 然后将春卷皮的四角折叠到 中间。

制作步骤

6

7

8

9

10

8. 在春卷皮的封口处抹上鸡蛋 糊（鸡蛋加面粉调和的）。

9. 将封口处沾严实。

10. 将做好的春卷放入八成热油锅 中，炸至金黄，捞出控油即可。

南瓜薄饼

🥣 原料

面粉300克
南瓜300克
黑芝麻10克

🥄 调料

植物油50毫升
白糖10克

可选用花生油、
豆油、菜籽油

🍳 准备工作

1. 将南瓜洗净，去除内瓤。

1

2. 将南瓜去除内瓤后，切成大小合适的块。

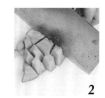
2

3. 将南瓜块放入碗中，再放入蒸锅，蒸约30分钟，将南瓜蒸熟透。

3

4. 将蒸熟的南瓜再捣烂，如图。

4

制作步骤

美味南瓜饼

5. 将捣烂的南瓜和面粉一起放入大碗中，加入白糖，再加入清水，搅拌成稀糊状。

6. 锅中放入植物油，烧热后，放入做好的面糊。

5

6

8

8

7. 放入适量的面糊后，用平底铲子将面糊慢慢摊平。

8. 撒上黑芝麻，待定型后，再翻过来，煎至两面微黄，取出，装盘即可。

南瓜烙

🍲 原料 | 🥄 调料 | 可选用花生油、豆油、菜籽油 | 可用味精代替

面粉300克 | 植物油50毫升 | 精盐2克
南瓜300克 | 胡椒粉3克 | 鸡精2克

🖌 准备工作

1. 将南瓜洗净，削去外皮，去除内瓤。

2. 将南瓜去除内瓤和皮后，先切成薄片。

3. 再将南瓜薄片叠起，切成细丝。

制作步骤

4. 将南瓜丝放入小盆中。

5. 加入面粉拌匀、精盐、鸡精、胡椒粉，搅拌均匀。

6. 放入适量的清水，将原料搅拌成面糊状。

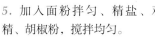
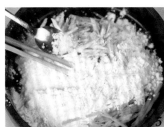
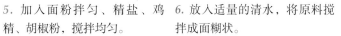

7. 平底锅中放入植物油，烧热，慢慢转动锅，使锅底均匀地沾上油。

8. 放入适量的面糊后，用平底铲子将面糊慢慢摊平。

9. 待面糊定型后，再翻过来，煎至两面微黄，取出，改刀装盘即可。

牛肉大馅饼

🍲 原料   🥄 调料

面粉500克   植物油50毫升   可选用花生油、豆油、菜籽油

牛肉馅400克   发酵粉5克   精盐2克   可用味精代替

芹菜200克   熟油10毫升   可用麻油代替   鸡精2克

生抽5毫升

准备工作

1. 将牛肉馅、芹菜、面粉、发酵粉准备好，放入盘中待用。

2. 将面粉、发酵粉放入盆中，加入温水，和成面团，再发酵成发面团（面团发的过程中，开始调馅料）。

3. 将芹菜切成段焯水，然后切碎；把芹菜碎与牛肉馅放入器皿中，加入精盐、鸡精、生抽、熟油。

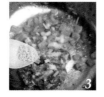

4. 放入调味料后，用筷子搅拌均匀，腌制10分钟。

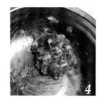

5. 面团发好后，揪成大小合适的剂子。

6. 将剂子擀成圆形饼。

7. 放上牛肉馅料。

8. 分别将馅料用面饼包严实。

制作步骤

9. 包好后，再按平。

10. 然后将做好的牛肉饼生坯放入热油锅中，加适量水，煎至两面金黄即可。

千层饼

🥣 原料　　🍴 调料

面粉300克　　猪油20克　　　可选用花生油、　　　精盐2克　　　可用鸡精代替
开水适量　　　辣椒面3克　　　豆油、菜籽油　　　味精2克
鸡蛋液适量　　葱花20克

📝 准备工作

1. 将300克面粉倒入盆中，边倒开水边搅拌。

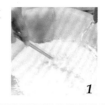

1

2. 用手将面团不断揉搓，约5分钟。+

2

3. 将揉搓好的面团放在案板上（或盆中），盖上保鲜膜，醒约12分钟（常温）。

3

制作步骤

4. 将醒发好的面团擀成薄饼，刷上猪油。

5. 撒上精盐、味精、辣椒面、葱花。

6. 慢慢卷起。

4

5

6

7

8

9

7. 将接缝处封紧，并将两头封紧，封好后折成图中形状。

8. 用擀面杖再次擀开。

9. 面饼上刷上鸡蛋液，放入电饼铛（电饼铛也要刷上猪油），煎至两面金黄即可。

肉夹馍

🥣 原料　　　🥄 调料

面粉500克　　发酵粉5克

猪肉馅400克　植物油50毫升

香菜200克　　生粉5克

可选用花生油、豆油、菜籽油

可用红薯粉代替

精盐2克

鸡精2克

可用味精代替

准备工作

1. 将面粉、发酵粉、猪肉馅、香菜准备好，放入盘中待用。

2. 猪肉馅放入碗中，加入精盐、鸡精、生粉拌匀，腌制10分钟。

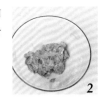

3. 香菜洗净，切去根部，然后再切碎。

4. 锅中放入油，烧热后，放入腌制好的猪肉馅料，煸炒熟后，放入香菜碎，翻炒均匀，装盘待用。

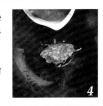

5. 将面粉、发酵粉放入盆中，加入温水，和成发面团。

6. 将发面团揉搓均匀后，揪成大小相同的剂子。

7. 把面剂子揉匀，用手压扁。

8. 锅中放入植物油，烧热后，放入压扁的面饼，煎至两面金黄，取出。

制作步骤

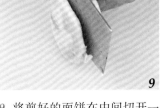

9. 将煎好的面饼在中间切开一个口，如图。

10. 把准备工作中炒好的馅料夹入面饼中即可。

手撕炒饼

🍲 原料　　　🥄 调料　　　可选用花生油、
　　　　　　　　　　　　　豆油、菜籽油

面粉500克　　植物油50毫升　　　椒精盐3克
鸡蛋2只　　　发酵粉5克　　　　　猪油20克

🥄 准备工作

1. 将面粉、发酵粉、鸡蛋准备好，放入盘中待用。

1

2. 将面粉、发酵粉放入盆中。

2

3. 打入鸡蛋，用手拌匀。

3

4. 加入温水，拌均匀后，再揉搓成面团。

4

5. 将揉搓好的面团醒发至原来的2-3倍大。

5

川芎虾饼

6. 将发面团擀成面饼。

7. 在面饼上均匀地抹上猪油，撒上椒精盐，然后再卷起。

制作步骤

6

7

8

9

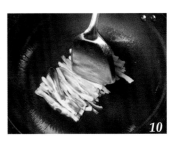

10

8. 卷起后，再次擀成面饼。

9. 然后将面饼切成条状。

10. 锅中放入植物油，烧热后，放入切好的面饼条，将其炒至金黄即可。

香河肉饼

🍚 **原料**

面粉300克
猪肉馅300克
芹菜100克

🥄 **调料**

植物油50毫升
发酵粉3克
胡椒粉3克

*可选用花生油、
豆油、菜籽油*

精盐2克
鸡精2克

🧹 准备工作

1. 将面粉、猪肉馅、芹菜、发酵粉准备好，放入盘中待用。

2. 将芹菜洗净，切成粒，与猪肉馅一起，加入精盐、鸡精、胡椒粉调味。

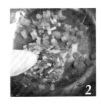

3. 放入调味料后，搅拌均匀，并放入少许的清水，不停地搅拌，然后腌制10分钟。

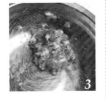

4. 将面粉、发酵粉放入器皿中，加入温水，和成软硬合适的面团。

5. 将面团盖上布，醒发至原来的2～3倍大。

⭐ Tips 美味提示

面要软硬合适，醒面要足够时间。

---

6. 把醒发好的面团揉匀，揪成大小相同的剂子。

7. 然后将剂子擀成圆形面皮。

制作步骤

8. 面皮中放入腌制好的猪肉馅料。

9. 放入馅料后，将面皮对折，然后将边缘捏紧。

10. 锅中放入植物油，烧热后，放入包好的肉饼，加入少许清水，将其煎至两面金黄即可。

银牙肉丝春卷

原料

青椒50克 绿豆芽50克
红椒50克 水发木耳50克
猪肉80克 大葱丝30克
胡萝卜50克 春卷皮适量

调料

植物油300毫升 实耗约30毫升
精盐2克 可用味精代替
鸡精2克
生抽5毫升

🔪 准备工作

1. 将青椒、红椒、猪肉、胡萝卜、绿豆芽、水发木耳、大葱丝、春卷皮准备好，放入盘中待用。

2. 将绿豆芽洗净，掐去头尾。

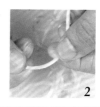

3. 青椒、红椒洗净，去根蒂、籽，切成细丝；胡萝卜洗净，切成细丝；水发木耳也切成细丝。

4. 猪肉洗净，剔除筋膜，切成细丝。

制作步骤

5. 锅中放入油，烧热后，放入猪肉丝、葱丝，煸炒片刻。

6. 再放入青椒丝、红椒丝、木耳丝、豆芽、胡萝卜丝，加入精盐、鸡精、生抽，翻炒均匀，将原料炒熟。

7. 把炒熟的原料盛放在盘中，待用。

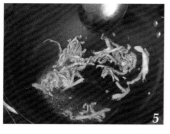

8. 取春卷皮，放入适量的银芽肉丝。

9. 将春卷皮卷起，两头折到中心，封口处用面粉糊封严。

10. 将做好的春卷放入八成热油锅中，炸至金黄，捞出控油即可。

玉米饼

🍚 原料

玉米粉300克
糯米粉200克
开水适量

🥄 调料

植物油30毫升

可选用花生油、
豆油、菜籽油

制作步骤

1. 将玉米粉、糯米粉放入盆中；加入开水，用筷子拌均匀。

2. 用筷子拌匀后，和成面团；将玉米面团放在案板上，揉成长条形面剂。

3. 揪大小合适的面剂子，用手拍成中间厚、边缘薄的圆形的玉米饼；将电饼铛烧热，放入植物油，加少许水，将玉米饼煎至两面金黄即可。

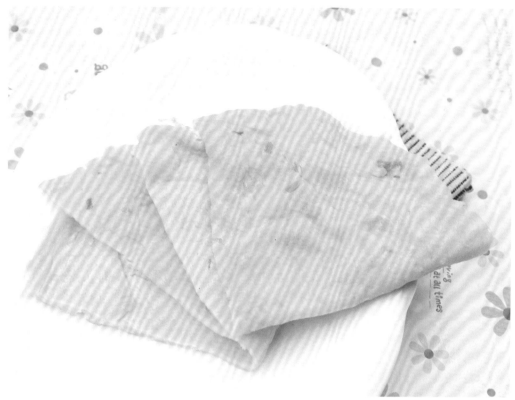

家常饼

🍲 原料
面粉300克
鸡蛋3只

🥄 调料
植物油30毫升
精盐2克
鸡精2克
小葱20克

可选用花生油、豆油、菜籽油

可用味精代替

制作步骤

1. 将面粉、鸡蛋、小葱准备好,放入盘中待用;将鸡蛋打入小盆中,用筷子搅拌均匀,再放入面粉。

2. 将面粉和鸡蛋液抓均匀;放入小葱花,加入精盐、鸡精,搅拌均匀。

3. 锅中放入适量的植物油,烧热后,倒入适量的面粉糊;用平底铲将面糊摊平,煎至两面金黄,即可出锅。

芝麻香煎

🍲 原料

面粉500克　　白芝麻10克

黑芝麻10克　　开水适量

🥄 调料

植物油50毫升

可选用花生油、
豆油、菜籽油

🧹 准备工作

1. 将面粉、黑芝麻、白芝麻准备好，待用。

2. 将面粉放入盆中，倒入开水，然后搅拌均匀。

3. 搅拌均匀，放凉后，揉搓成烫面团。

4. 将面团揪成大小均匀的剂子，然后擀成圆形面皮。

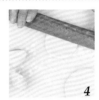

制作步骤

5. 擀好的面皮沾上少许的水。

6. 然后将沾水的面皮再沾上芝麻。

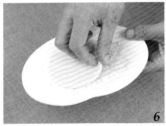

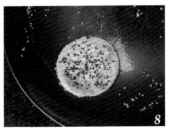

7. 沾上芝麻后，再将芝麻压实。

8. 锅中放入植物油，烧热后，放入面饼，将面饼煎至两面金黄即可。

米饭

紫薯大枣蒸饭

🍲 原料

大米 150克
紫薯50克
大枣20克

🥄 调料

蜂蜜10毫升

✎ 准备工作

1. 将大米、紫薯、红枣准备好；紫薯、红枣洗净，分别放入碗中待用。

2. 大米洗净后，放入碗中。

3. 紫薯洗净后，削去外皮。

4. 将去皮后的紫薯，切成大小合适的小丁。

制作步骤

5. 然后将紫薯丁放在盛放大米的碗中。

6. 将洗净的红枣去除枣核，放入碗中。

7. 加入适量的蜂蜜。

8. 加入适量的清水，然后将碗移入蒸锅中，蒸约**20**分钟，将米饭蒸熟取出即可。

鸡蛋肉末蒸饭

🍚 原料

大米150克
鸡脯肉50克
猪肉50克
鸡蛋2只

🥄 调料

植物油10毫升
熟鸡油5毫升
精盐1克
鸡精1克

可选用花生油、
豆油、菜籽油

准备工作

1. 将大米、猪肉、鸡脯肉、鸡蛋准备好，放入盘中待用。

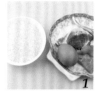

2. 大米洗净后，放入碗中，加入熟鸡油，搅拌均匀，浸泡半小时。

3. 将猪肉、鸡脯肉洗净，剔除筋膜，切成小丁。

4. 将鸡蛋打入碗中，用筷子快速打散。

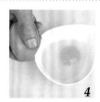

制作步骤

5. 锅中放入适量的植物油，烧热后，放入鸡蛋液，将鸡蛋液炒散，盛放盘中待用。

6. 将浸泡好的大米，放入碗中，加入鸡脯肉丁、猪肉丁。

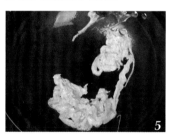

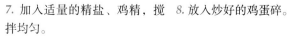

7. 加入适量的精盐、鸡精，搅拌均匀。

8. 放入炒好的鸡蛋碎。

9. 加入适量的清水，然后将碗移入蒸锅中，蒸约20分钟，将米饭蒸熟取出即可。

蜜汁八宝蒸饭

 原料

大米40克	松仁10克
红枣10克	核桃10克
薏米10克	葡萄干10克
小麦片10克	西米10克
黑米10克	猪肉20克

🖌 调料

蜂蜜5毫升
白糖3克

🍳 准备工作

1. 将大米、红枣、薏米、小麦片、黑米、松仁、核桃、葡萄干、西米、猪肉准备好，放入盘中待用。

2. 大米淘洗干净后，放入碗中，加入适量清水，浸泡半小时。

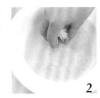

3. 将浸泡透的大米放入小碗中。

4. 将松仁、薏米、黑米洗净后，放入小碗中。

5. 将小麦片洗净，放入小碗中。

6. 将红枣、葡萄干、西米洗净，放入小碗中。

7. 把核桃洗净；猪肉洗净，剔除筋膜后，切成小丁，放入小碗中。

Tips 美味提示

松仁应选择色泽红亮、个头大、仁饱满的。

制作步骤

8. 原料放齐后，加入白糖，搅拌均匀。

9. 放入蜂蜜，搅拌均匀。

10. 加入适量的清水，然后将碗移入蒸锅中，蒸约20分钟，将米饭蒸熟取出即可。

糯米鸡

🍲 原料

鸡脯肉50克
大米100克
红枣20克

🥄 调料

高汤20毫升 ---- 可用清水代替
生粉5克 ---- 可用红薯粉代替
精盐1克
鸡精1克 ---- 可用味精代替

🍳 准备工作

1. 准备鸡脯肉50克，洗净，去除筋膜，切成约3厘米长的条状。

1

2. 将鸡脯肉条放入沸水中，焯水后，捞出控水。

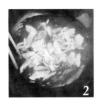

2

3. 准备红枣20克，洗净后，去除枣核。

3

制作步骤

4. 将焯水后的鸡脯肉及红枣，放入碗底，再放入洗净的大米，加适量的水。

4

5. 将上步的原料放入蒸锅中，上汽后再蒸大约20分钟，将米饭蒸熟。

5

6

6. 取出后，小心倒扣盘中。

7

7. 锅中放入适量的高汤，加少许精盐、鸡精调味，烧开后用生粉勾芡。

8

8. 将勾芡好的芡汁淋在蒸好的米饭上面即可。

什锦时蔬蒸饭

🍲 原料

大米80克   玉米粒20克
胡萝卜20克   水发香菇15克
毛豆20克

🥄 调料

蜂蜜5毫升
白糖3克

🍳 准备工作

1. 将大米、胡萝卜、玉米粒、毛豆、水发香菇准备好，放入盘中待用。

2. 大米洗净后，放入碗中，加适量清水，浸泡半小时。

制作步骤

3. 大米浸泡透后，放入小碗中，放入洗净后的毛豆、水发香菇（切成小块）、胡萝卜丁。

4. 放入洗净后的玉米粒。

5. 加入适量的白糖，搅拌均匀。

6. 加入适量的蜂蜜、清水，搅拌均匀，然后将碗移入蒸锅中，蒸约**20**分钟，将米饭蒸熟取出即可。

香菇鸡肉蒸饭

🍲 原料

大米80克　　　毛豆20克
鸡脯肉30克　　水发香菇15克
胡萝卜20克

🥄 调料

花椒2克
精盐1克

🔪 准备工作

1. 将大米、鸡脯肉、胡萝卜、毛豆、水发香菇准备好，放入盘中待用。

2. 大米洗净后，放入碗中，加适量清水，浸泡半小时；水发香菇、鸡脯肉、胡萝卜分别洗净后，切成小丁状。

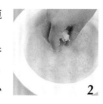

制作步骤

3. 大米浸泡透后，放入小碗中，然后放入洗净改刀后的水发香菇。

4. 放入鸡脯肉丁。

5. 放入毛豆、胡萝卜丁。

6. 加入适量的精盐，搅拌均匀。

7. 加入适量的花椒，搅拌均匀。

8. 最后，加入适量的清水，搅拌均匀，然后将碗移入蒸锅中，蒸约20分钟，将米饭蒸熟取出即可。

肥肠肉丝盖饭

🍚 原料

蒸熟米饭1碗	青椒30克
肥肠100克	洋葱30克
猪肉丝50克	姜5克

🥄 调料

植物油20毫升	生抽10毫升
胡椒粉3克	精盐3克
生粉10克	鸡精2克

可选用花生油、豆油、菜籽油

可用红薯粉代替

可用味精代替

🍳 准备工作

1. 将肥肠、猪肉丝、青椒、洋葱、姜、米饭准备好，放入盘中待用。

2. 洋葱洗净，去根部，切成丝；姜去皮洗净，切成丝。

3. 青椒洗净，去根蒂、籽，切成丝。

4. 将肥肠放入沸水中，煮约14分钟，去除杂味，捞出放凉后，切成丝。

制作步骤

5. 锅中放入油，烧热后，放入姜丝、肥肠丝、猪肉丝，煸炒片刻。

6. 放入生抽，翻炒均匀。

7. 放入胡椒粉，翻炒均匀。

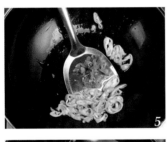

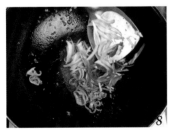

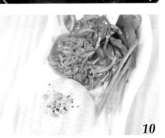

8. 放入洋葱丝、青椒丝，翻炒均匀。

9. 加入精盐、鸡精，淋入生粉芡汁，翻炒均匀，稍微煮片刻。

10. 起锅，取出做好的肥肠卤汁，浇在米饭旁边即可。

红烧排骨盖饭

🍚 原料

蒸熟米饭1碗
排骨120克
干红椒10克
青椒20克
大蒜20克

🥄 调料

植物油500毫升
高汤30毫升
生粉10克
白糖2克
精盐3克

实耗约40毫升
可用清水代替
用红薯粉代替
可用鸡精代替

味精2克
生抽8毫升
老抽3毫升

可用酱油代替

🖌 准备工作

1. 将排骨洗净，斩成2厘米长的段（最好买的时候就斩好）。

2. 将排骨段放入器皿中，加入白糖。

3. 放入精盐。

4. 放入味精。

5. 放入生抽。

6. 放入老抽，用筷子搅拌均匀，腌制10分钟。

7. 锅中放入足量的油，烧至八成热。

8. 放入腌制好的排骨段，将排骨炸至表面金黄，捞出控油。

制作步骤

9. 锅留底油，放入炸好的排骨段，加入干红椒、青椒段、大蒜、高汤，烧开后，转小火炖约15分钟，自然收汁（或者淋少许的芡汁）。

10. 将米饭装入小碗（小碗中先事先抹点油，容易扣出），再倒扣在盘中，然后浇上做好的卤汁即可。

红烧猪蹄盖饭

🍲 **原料**

蒸熟米饭1碗
猪蹄200克
胡萝卜50克
青椒30克

🥄 **调料**

植物油20毫升 ⟶ 可选用花生油、豆油、菜籽油
高汤500毫升 ⟶ 可用清水代替
生粉10克 ⟶ 可用红薯粉代替
生抽8毫升

老抽3毫升 ⟶ 可用酱油代替
精盐3克
鸡精2克 ⟶ 可用味精代替

✎ 准备工作

1. 将猪蹄、胡萝卜、米饭准备好，放入盘中待用。

2. 胡萝卜洗净，切成滚刀块。

3. 猪蹄斩成小块。

4. 将猪蹄块放入沸水中，煮约5分钟。

5. 用漏勺捞出，放入盘中待用。

Tips 美味提示

猪蹄应选择肉皮色泽白亮并且富有光泽，物残留毛及毛根；猪脚肉色泽红润，肉质透明，质地紧密，富有弹性。

6. 锅中放入油，烧热后，放入猪蹄块，煸炒片刻。

7. 放入胡萝卜块、青椒块，翻炒均匀。

制作步骤

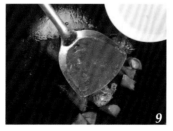

8. 加入生抽、老抽，翻炒上色。

9. 倒入高汤，加入精盐、鸡精，搅拌均匀，烧开后转小火，炖约25分钟，将猪蹄炖烂。

10. 淋入生粉芡汁，大火收汁后，起锅装盘，与米饭放一起即可。

茭白肉片盖饭

🍲 原料

蒸熟米饭1碗
猪肉120克
胡萝卜50克
茭白50克
青椒块30克

🥄 调料

植物油20毫升 ⸰⸰ 可选用花生油、豆油、菜籽油
高汤40毫升 ⸰⸰ 可用清水代替
生粉10克 ⸰⸰ 可用红薯粉代替
生抽5毫升
老抽3毫升 ⸰⸰ 可用酱油代替

精盐3克 ⸰⸰ 可用味精代替
鸡精2克
胡椒粉2克

🍳 准备工作

1. 将猪肉、胡萝卜、茭白、青椒块、米饭准备好，放入盘中待用。

2. 猪肉洗净，剔除筋膜，切成薄片。

3. 胡萝卜洗净，切成薄片。

4. 茭白洗净，削去皮，先对半切开，再切成薄片。

制作步骤

5. 锅中放入油，烧热后，放入猪肉片。

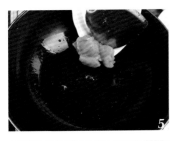

6. 将猪肉片煸炒出味。

7. 放入茭白、胡萝卜、青椒块，翻炒均匀。

8. 锅放入生抽、老抽，翻炒上色。

9. 加入精盐、鸡精、胡椒粉，翻炒均匀，倒入高汤，烧开后，稍微煮片刻。

10. 淋入生粉芡汁，大火收汁，起锅装盘，与扣入盘中的米饭放一起即可。

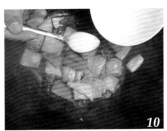

椒汁羊肉盖饭

🍚 原料

蒸熟米饭1碗
羊肉200克
青椒30克
洋葱30克
姜片5克

🥄 调料

植物油20毫升
高汤500毫升
胡椒粉2克
生粉10克
生抽8毫升

可选用花生油、
豆油、菜籽油

可用清水
代替

可用红薯粉代替

老陈醋5毫升
精盐3克
鸡精2克
白糖2克

可用味精代替

🍳 准备工作

1. 将羊肉、青椒、洋葱、姜片、米饭准备好，放入盘中待用。

1

2. 将羊肉洗净，剔除筋膜，切成小块。

2

3. 青椒洗净，去根蒂、籽，切成三角块。

3

4. 洋葱去皮洗净，去根部，切成三角块。

4

制作步骤

5. 锅中放入油，烧热后，放入羊肉块、姜片，煸炒片刻。

6. 放入洋葱、青椒，翻炒均匀。

7. 加入高汤，搅拌均匀，大火烧开。

5

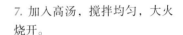

6

7

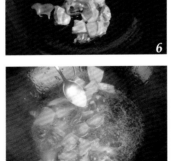

8

9

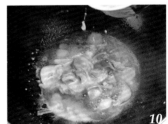

10

8. 放入生抽、老陈醋，搅拌均匀，大火烧开后，转小火，炖约25分钟，将羊肉炖熟。

9. 加入精盐、鸡精、白糖、胡椒粉，翻炒均匀，再稍微煮片刻。

10. 淋入生粉芡汁，大火收汁，起锅装盘，与扣入盘中的米饭放一起即可。

牛肉咖喱盖饭

🍲 原料

蒸熟米饭1碗
白萝卜60克
牛肉150克
葱5克
姜5克

🥄 调料

植物油20毫升
咖喱粉20克
高汤500毫升
生粉10克
精盐3克

可选用花生油、
豆油、菜籽油

可用清水代替

可用红薯粉代替

鸡精2克
胡椒粉2克
生抽8毫升

可用味精代替

🍳 准备工作

1. 将白萝卜洗净，切成滚刀块。

2. 牛肉洗净，剔除筋膜，切成1厘米见方的块。

3. 将牛肉块放入沸水中，复烧开；把牛肉煮约3分钟，去除杂味，捞出沥水。

制作步骤

4. 锅中放入油，烧热后，放入葱姜，煸炒出味。

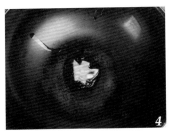

5. 放入牛肉块、白萝卜块，放入生抽，翻炒均匀。

6. 加入咖喱粉（或者先把咖喱粉放入高汤中化开），翻炒均匀。

7. 加入高汤，搅拌均匀，大火烧开，转小火，炖约35分钟。

8. 加入精盐、鸡精、胡椒粉，翻炒均匀；淋入生粉芡汁，大火收汁。

9. 起锅装盘，与扣入盘中的米饭放一起即可。

日式鸡腿盖饭

🍲 原料

蒸熟米饭1碗
鸡腿1只（约100克）
口蘑40克
洋葱40克
西兰花适量

🥄 调料

沙拉酱30克
炸鸡粉20克
植物油400毫升　实际耗约30毫升
高汤100毫升　可用清水代替
生粉10克　可用红薯粉代替

精盐3克
鸡精2克　可用味精代替
胡椒粉2克

🍳 准备工作

1. 将鸡腿、口蘑、洋葱、沙拉酱准备好，放入盘中待用。

2. 将口蘑洗净，切成薄片；洋葱去皮洗净，去根部，切成小块。

3. 鸡腿洗净，剔除骨头。

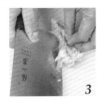

4. 将剔除骨头的鸡腿肉放入碗中，加入部分精盐、鸡精、炸鸡粉，拍匀。

制作步骤

5. 将腌制过的鸡腿肉放入八成热油锅中，炸至酥香，捞出控油，放入盛放米饭的盘中。

6. 锅留底油，放入口蘑片、洋葱块，煸炒片刻。

7. 加入高汤，搅拌均匀，烧开。

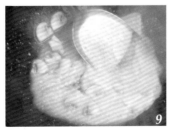

8. 加入剩下的精盐、鸡精、胡椒粉，搅拌均匀，烧约3分钟。

9. 淋入生粉芡汁，复烧开，翻炒均匀，大火收汁。

10. 将炒好的口蘑浇在炸好的鸡腿上，用焯水后的西兰花点缀，淋入沙拉酱即可。

香菇豆腐牛肉盖饭

🍲 原料

蒸熟米饭1碗　可用羊肉代替
牛肉200克　可用平菇代替
鲜香菇50克
豆腐50克
葱5克
姜5克

🥄 调料

可选用花生油、豆油、菜籽油
植物油20毫升
高汤400毫升　可用清水代替
生粉8克　可用红薯粉代替
胡椒粉4克　可用白醋代替
老陈醋4毫升
精盐3克

鸡精2克　可用味精代替
老抽3毫升　可用酱油代替

🍳 准备工作

1. 将牛肉（快捷的方式是将牛肉在高压锅中先压熟）、豆腐、香菇、葱姜、米饭准备好，放入盘中待用。

2. 香菇洗净，去根蒂，切成块。

3. 豆腐冲洗下，切成长方形薄片。

4. 牛肉洗净，剔除筋膜，然后切成小块。

牛肉盖饭

制作步骤

5. 锅中放入油，烧热后，放入葱姜，煸炒一下。

6. 放入牛肉块、香菇块，煸炒片刻，再放入老抽，煸炒上色。

7. 放入高汤，大火烧开，转小火，炖约25分钟，将牛肉炖熟。

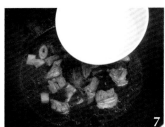

8. 放入豆腐块，搅拌均匀，继续烧约4分钟。

9. 加入精盐、鸡精、老陈醋，搅拌均匀，淋入生粉芡汁，大火收汁。

10. 加入胡椒粉，翻炒均匀，起锅装盘即可。

鱿鱼卷肉丝盖饭

🍲 **原料**

蒸熟米饭1碗
鱿鱼卷150克
猪肉60克
红椒50克
水发香菇30克
洋葱30克

🥄 **调料**

植物油20毫升
高汤100毫升
生粉5克
精盐3克
鸡精2克
胡椒粉4克

可选用花生油、豆油、菜籽油
可用清水代替
可用红薯粉代替
可用味精代替

🖌 准备工作

1. 将猪肉、鱿鱼卷、红椒、香菇、洋葱、米饭准备好，放入盘中待用。

2. 将鱿鱼卷洗净，切成小块；香菇洗净，切成小块。

3. 将红椒洗净，去根蒂、籽，切成三角块；洋葱洗净，切成丝。

4. 猪肉洗净，去除筋膜，切成丝。

制作步骤

5. 锅中放入油，烧热后，放入猪肉丝，煸炒变色。

6. 放入红椒块、洋葱丝、鱿鱼、香菇，翻炒均匀。

7. 加入胡椒粉，翻炒均匀。

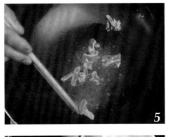

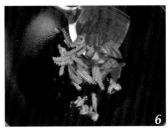

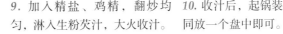

8. 加入高汤，中火烧约6分钟。

9. 加入精盐、鸡精，翻炒均匀，淋入生粉芡汁，大火收汁。

10. 收汁后，起锅装盘，与米饭同放一个盘中即可。

猪肉土豆咖喱盖饭

🍲 原料

蒸熟米饭1碗
猪肉200克
土豆100克
西兰花20克

🥄 调料

植物油20毫升
咖喱粉20克
高汤400毫升
生粉10克

可选用花生油、豆油、菜籽油

可用清水代替

可用红薯粉代替

精盐3克
鸡精2克
胡椒粉4克

可用味精代替

🍳 准备工作

1. 将猪肉、土豆、米饭准备好，放入盘中待用。

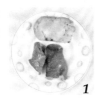

1

2. 土豆洗净，削去外皮。

2

3. 将去皮后的土豆切成滚刀块。

3

4. 猪肉洗净，剔除筋膜，切成1厘米见方的块。

4

制作步骤

5. 锅中放入油，烧热后，放入猪肉块，煸炒出味。

6. 放入土豆块，翻炒均匀。

7. 加入咖喱粉（或者先把咖喱粉放入高汤中化开），翻炒均匀。

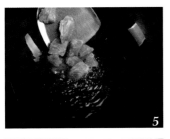

5

7

9

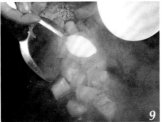

8

10

8. 加入高汤，搅拌均匀，大火烧开，转小火，炖约20分钟。

9. 加入精盐、鸡精、胡椒粉，翻炒均匀；淋入生粉芡汁，翻炒均匀。

10. 大火收汁，起锅装盘，与扣入盘中的米饭放一起，用焯水后的西兰花点缀即可。

八宝饭

🍲 原料

熟米饭1碗　　莲子10克
红枣30克　　葡萄干10克
桂圆肉20克　　黄瓜20克
松仁10克　　圣女果15克

🥄 调料

植物油20毫升
白糖5克

可选用花生油、
豆油、菜籽油

🍳 准备工作

1. 将红枣、桂圆肉、松仁、莲子、葡萄干、黄瓜、圣女果、蒸熟米饭准备好，待用。

2. 黄瓜洗净，先切成3厘米长的段，再顺长改刀成条；圣女果洗净，去根蒂，切成片。

3. 红枣洗净，去除枣核；莲子洗净，煮熟待用。

制作步骤

4. 锅中放入油，烧热后，放入蒸熟的米饭。将米饭炒散。

5. 放入红枣、莲子，翻炒均匀。

6. 放入桂圆肉，翻炒均匀。

7. 放入松仁、葡萄干，翻炒均匀。

8. 放入黄瓜条、圣女果，翻炒均匀。

9. 加入白糖，翻炒均匀，中火炒约3分钟，起锅装盘即可。

肥牛蛋炒饭

🍲 原料　　　　🥄 调料

青熟米饭1碗　　植物油20毫升　　可选用花生油、豆油、菜籽油
肥牛卷80克　　精盐3克
红椒30克　　　鸡精2克　　　　可用味精代替
鸡蛋1只　　　白糖3克

🍳 准备工作

1. 将红椒、肥牛卷、鸡蛋、蒸米饭准备好，把红椒洗净，去根蒂、籽，切成丁。

1

2. 肥牛卷放入沸水中，汆烫熟，捞出沥水。

2

3. 将汆烫熟的肥牛卷切成丁。

3

4. 锅中放入油，烧热后，放入鸡蛋，将鸡蛋煎成蛋饼，然后盛出。

4

🍲 制作步骤

5. 锅留底油，放入肥牛丁、红椒丁，翻炒片刻。

6. 再放入鸡蛋饼，将鸡蛋饼炒散。

7. 放入蒸饭。

5

7

9

8

9

10

8. 将蒸饭炒散。

9. 加入精盐、鸡精，翻炒均匀。

10. 放入白糖，翻炒均匀，起锅装盘即可。

海鲜蔬菜炒饭

🍲 原料

蒸熟米饭1碗　　青椒30克
基围虾50克　　蟹棒30克
鸡蛋1只　　　火腿20克
洋葱30克　　　芹菜20克

🥢 调料

植物油20毫升 ····· 可选用花生油、
豆油、菜籽油
精盐3克
鸡精2克 ····· 可用味精
代替

🔧 准备工作

1. 将基围虾、鸡蛋、洋葱、青椒、蟹棒、火腿、芹菜准备好，放入盘中待用。

2. 将芹菜摘去叶子，洗净，切成2厘米长的段；洋葱洗净，切成丝；青椒洗净，去根蒂、籽，切成三角块。

3. 蟹棒去掉包装，切成滚刀块。

4. 火腿切成长方形薄片。

5. 将基围虾放入沸水中，煮熟。
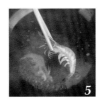

6. 然后将基围虾剥去外壳。

7. 锅中放入油烧热，先炒好鸡蛋，再放入米饭炒散，然后放入虾仁，翻炒均匀。

8. 放入青椒块、芹菜段、洋葱丝，翻炒均匀。

制作步骤

9. 放入火腿、蟹棒，翻炒均匀。

10. 放入精盐、鸡精，翻炒均匀，炒约3分钟，起锅装盘即可。

滑蛋虾仁炒饭

🍚 原料

蒸熟米饭1碗　口蘑30克
基围虾80克　鸡蛋1只
胡萝卜50克　毛豆20克

🥄 调料

植物油20毫升
精盐3克
鸡精2克

可选用花生油、豆油、菜籽油

可用味精代替

🍴 准备工作

1. 将基围虾、胡萝卜、口蘑、鸡蛋、毛豆、米饭准备好，待用。

2. 口蘑洗净，切成薄片，与毛豆一起，入沸水中焯水，捞出沥水。

3. 将基围虾放入沸水中，煮熟后，捞出沥水。

4. 将煮熟的基围虾剥去外壳。

5. 鸡蛋打入碗中，用筷子搅拌均匀。

Tips 美味提示

虾仁洗净以后，用干净的纱布或厨房用纸包裹住，充分吸干水分，这样可以避免炒的过程中虾仁缩水。

6. 锅中放入油，烧热后，放入打散的鸡蛋。

7. 将鸡蛋煎至两面金黄，再放入米饭，然后炒散。

制作步骤

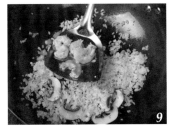

8. 放入口蘑片、胡萝卜丁、毛豆，翻炒均匀。

9. 放入虾仁，翻炒均匀。

10. 加入精盐、鸡精调味，翻炒均匀，炒约3分钟，起锅装盘即可。

黄瓜火腿炒饭

🍚 原料

蒸熟米饭1碗

火腿肠80克

黄瓜50克

鸡蛋1只

可用方腿代替

🥄 调料

植物油20毫升

白糖1克

精盐3克

鸡精2克

可选用花生油、豆油、菜籽油

可用味精代替

准备工作

1. 将火腿肠（或者方腿）去掉包装，切成1厘米见方的丁。

2. 黄瓜洗净，先切成条，再切成1厘米见方的丁。

3. 将鸡蛋打入碗中，用筷子搅拌均匀。

制作步骤

4. 锅中放入油，烧热后，放入打散的鸡蛋。

5. 将鸡蛋煎至两面金黄。

6. 放入米饭，炒散，放入白糖，翻炒均匀。

7. 放入火腿丁，翻炒均匀。

8. 放入黄瓜丁，翻炒均匀。

9. 加入精盐、鸡精，翻炒均匀，起锅装盘即可。

鸡丁番茄酱炒饭

🍲 原料

蒸熟米饭1碗
鸡脯肉80克
毛豆20克

🥄 调料

植物油20毫升
番茄酱20克
精盐3克
鸡精2克

可选用花生油、
豆油、菜籽油

可用味精代替

🍳 准备工作

1. 将鸡脯肉洗净，剔除筋膜，切成1厘米见方的丁。

2. 把毛豆放入沸水中，复烧开，将其煮熟后，捞出沥水。

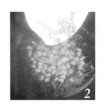

制作步骤

3. 锅中放入油，烧热后，放入鸡脯肉丁，煸炒片刻，将鸡脯肉丁炒熟。

4. 放入焯水后的毛豆，翻炒均匀。

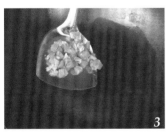

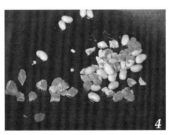

5. 放入米饭，将米饭炒散。

6. 加入精盐、鸡精，翻炒均匀。

7. 加入番茄酱，翻炒均匀，炒约1分钟，起锅装盘即可。

家常蛋炒饭

🍚 原料

蒸熟米饭1碗
鸡蛋2只
小葱20克

🔪 调料

植物油20毫升
精盐2克
鸡精1克

可选用花生油、
豆油、菜籽油

可用味精
代替

🥄 准备工作

1. 将鸡蛋打入碗中。

2. 鸡蛋打入碗中后，用筷子搅拌均匀。

3. 小葱洗净，去根部，切成小粒。

制作步骤

4. 锅中放入油，烧至六成热。

5. 放入鸡蛋液，煎至两面金黄。

6. 倒入蒸熟的米饭，炒散，放入精盐、鸡精，翻炒均匀。

7. 放入小葱粒，翻炒均匀，起锅装盘即可。

猪肝冬笋炒饭

🍲 原料

蒸熟米饭1碗
猪肝60克
猪肉50克
毛豆20克
冬笋20克

🥄 调料

植物油20毫升
麻油6毫升
精盐3克
鸡精2克

可选用花生油、豆油、菜籽油

可用熟鸡油代替

可用味精代替

准备工作

1. 将猪肝、猪肉、毛豆、冬笋、熟米饭准备好，待用。

2. 将猪肝洗去血水，切成小薄片；猪肉洗净，剔除筋膜，切成小丁。

3. 冬笋洗净，先切成薄片。

4. 再切成小丁。

5. 将毛豆放入沸水中，复烧开，煮约4分钟，捞出沥水。

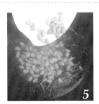

Tips 美味提示

将猪肝洗净，视其大小切成4-6块，用水浸泡1小时左右，使其消除残血与毒素。

制作步骤

6. 锅中放入油，烧热后，放入猪肉丁，将猪肉丁煸炒熟。

7. 放入冬笋丁、猪肝片，翻炒片刻。

8. 放入毛豆，翻炒均匀。

9. 放入米饭，将米饭炒散。

10. 放入精盐、鸡精、麻油，翻炒约3分钟，将米饭炒出香味，起锅装盘即可。

腊肉炒饭

🍚 原料
蒸熟米饭1碗
鸡蛋1只
咸肉60克
芹菜40克

🥄 调料
植物油20毫升
精盐3克
味精2克

可选用花生油、豆油、菜籽油

可用鸡精代替

🖌 准备工作

1. 将咸肉、芹菜、米饭、鸡蛋准备好待用。

2. 芹菜洗净，切去根部，然后切成2厘米长的段。

3. 咸肉洗净，放入沸水中，稍微煮片刻，捞出放凉，切成薄片。

4. 将鸡蛋打入小碗中，用筷子搅拌均匀。

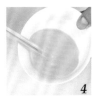

制作步骤

5. 锅中放入油，烧至六成热，倒入打散的鸡蛋液，将鸡蛋液炒成鸡蛋碎，取出待用。

6. 锅中留底油，放入咸肉片，煸炒片刻，将其炒熟。

7. 放入炒好的鸡蛋碎，放入芹菜段，翻炒均匀。

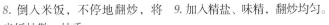

8. 倒入米饭，不停地翻炒，将米饭炒散、炒香。

9. 加入精盐、味精，翻炒均匀。

10. 翻炒均匀，炒约2分钟，起锅装盘即可。

牛肉炒饭

🍲 原料

蒸熟米饭1碗　　芹菜20克
牛肉60克　　　鸡蛋2只
胡萝卜20克

🥄 调料

可选用花生油、
豆油、菜籽油

植物油20毫升
精盐3克
鸡精2克　　　　可用味精代替

🥄 准备工作

1. 将胡萝卜、芹菜、牛肉、鸡蛋、蒸米饭准备好，待用。

2. 胡萝卜洗净，切成2厘米长的细条。

3. 芹菜洗净，切成2厘米长的段。

4. 牛肉洗净，剔除筋膜，切成小丁，然后放入沸水中，煮熟（或者用油炸熟）。

5. 鸡蛋打入碗中，用筷子搅拌均匀。

Tips 美味提示

牛肉最好事先也用油精盐渍一下入味。

6. 将鸡蛋液放入油锅中，炒成鸡蛋碎。

7. 放入米饭，将米饭和鸡蛋炒匀。

制作步骤

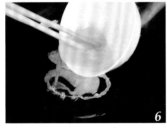

8. 放入牛肉丁，翻炒均匀。

9. 放入胡萝卜，翻炒均匀。

10. 放入芹菜段，加入精盐、鸡精，翻炒均匀，炒约4分钟，起锅装盘即可。

什锦鸡肉饭

🍲 原料

蒸熟米饭1碗　　火腿30克
鸡脯肉70克　　黄瓜40克
花生米30克　　鸡蛋2只

🍶 调料

可选用花生油、豆油、菜籽油

植物油20毫升
精盐3克
鸡精2克　可用味精代替

准备工作

1. 将鸡脯肉洗净，剔除筋膜，先切成条状，再切成丁，然后将鸡脯肉丁焯水，捞出沥水。

2. 黄瓜洗净，先切成条，再切成丁；火腿切成和黄瓜大小一样的丁。

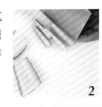

3. 把花生米放入六成热油锅中，炸至变色，捞出控油。

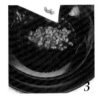

4. 将鸡蛋打入小碗中，用筷子搅拌均匀。

制作步骤

5. 将搅拌均匀的鸡蛋液，放入油锅中，炒散。

6. 然后放入蒸米饭，将蒸米饭和鸡蛋炒匀。

7. 放入火腿丁，翻炒均匀。

8. 放入鸡肉丁，翻炒均匀。

9. 放入油炸花生米，翻炒均匀。

10. 加入黄瓜丁、精盐、鸡精，翻炒均匀，炒约3分钟，起锅装盘即可。

什锦蔬菜炒饭

原料

蒸熟米饭1碗　　罐装玉米粒30克
基围虾80克　　毛豆20克
胡萝卜40克

调料

可选用花生油、
豆油、菜籽油

植物油20毫升
精盐3克
鸡精2克　　　　可用味精代替

准备工作

1. 将基围虾、胡萝卜、罐装玉米粒、毛豆、米饭准备好，放入盘中待用。

2. 胡萝卜洗净，削去外皮。

3. 将去皮后的胡萝卜切成0.5厘米见方的小丁。

4. 将毛豆放入沸水中，煮熟后，捞出沥水。
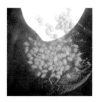

5. 将基围虾放入沸水中，煮熟后，捞出沥水。

6. 将煮熟的基围虾剥去外壳。

7. 再将虾仁切成小块。

Tips 美味提示

米饭入锅前先弄散，炒的时候不要压，炒出来的饭才会粒粒分开。

制作步骤

8. 锅中放入油，先放入米饭炒散，再放入虾仁、胡萝卜丁、毛豆，翻炒均匀。

9. 放入玉米粒，翻炒均匀。

10. 加入精盐、鸡精，翻炒均匀，炒约3分钟，起锅装盘即可。

松子香肠炒饭

🍚 **原料**

蒸熟米饭1碗　松子仁20克
香肠60克　　姜5克
鸡蛋2只　　小葱5克

🍴 **调料**

可选用花生油、
豆油、菜籽油

植物油20毫升
精盐3克
鸡精2克　　可用味精代替

准备工作

1. 将姜去皮洗净，切成细丝。

2. 香肠洗净，先蒸熟，再切成薄片。

3. 小葱洗净，去根部，切成小粒。

4. 将鸡蛋打入小碗中，用筷子打散。

制作步骤

5. 锅中放入油，烧热后，放入打散的鸡蛋液，将其炒成金黄色，捞出待用。

6. 锅留底油，放入姜丝，煸炒出味。

7. 再放入炒好的鸡蛋，加入米饭，翻炒均匀。

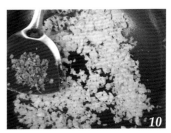

8. 放入香肠，翻炒均匀。

9. 加入精盐、鸡精，翻炒均匀。

10. 放入小葱、松子仁，翻炒均匀，炒约3分钟，起锅装盘即可。

香肠蛋炒饭

🍲 原料

蒸熟米饭1碗

香肠50克

鸡蛋2只

小葱10克

🥄 调料

植物油20毫升

精盐3克

鸡精2克

胡椒粉2克

白糖1克

可选用花生油、豆油、菜籽油

可用味精代替

准备工作

1. 将香肠（先蒸熟）、鸡蛋、小葱、米饭准备好，放入盘中待用。

2. 把香肠洗净，切成菱形薄片。

3. 小葱洗净，切去根部，然后切成粒。

4. 鸡蛋打入碗中，用筷子打散。

制作步骤

5. 锅中放入油，烧热后，放入鸡蛋液，将鸡蛋液炒成金黄色。

6. 放入香肠、小葱，翻炒均匀。

7. 放入精盐、鸡精，翻炒均匀。

8. 放入胡椒粉，翻炒均匀。

9. 放入米饭，翻炒均匀。

10. 放入白糖，翻炒均匀，起锅装盘即可。

扬州炒饭

🍚 **原料**

蒸熟米饭1碗　　毛豆20克
火腿肠40克　　鸡蛋2只
胡萝卜30克

🥢 **调料**

植物油20毫升
精盐3克
鸡精2克

可选用花生油、
豆油、菜籽油

可用味精代替

准备工作

1. 将胡萝卜洗净，切成 0.5厘米见方的小丁；火腿肠也切成和胡萝卜丁一样大小的丁。

2. 将毛豆放入沸水中煮熟，捞出沥水。

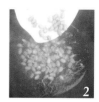

3. 把鸡蛋打入小碗中，用筷子快速搅拌均匀。

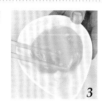

制作步骤

4. 锅中加入植物油烧热，放入打散的鸡蛋液，将鸡蛋液炒至金黄。

5. 再放入米饭炒散，和鸡蛋炒匀后，再放入煮熟的毛豆。

6. 放入胡萝卜丁翻炒均匀。

7. 放入火腿丁翻炒均匀。

8. 放入精盐、鸡精炒约3分钟，起锅装盘即可。

日本萝卜炒饭

🍚 原料

蒸熟米饭1碗
基围虾70克
日本萝卜40克
小葱10克
大葱片10克

🍳 调料

色拉油20毫升
精盐3克
鸡精2克

可选用花生油、
豆油、菜籽油

可用味精代替

✎ 准备工作

1. 将基围虾、日本萝卜、小葱、大葱片、蒸米饭准备好，放入盘中待用。

2. 将日本萝卜洗净，切成2厘米长的条状。

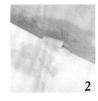

3. 把基围虾放入沸水中，煮熟后捞出。

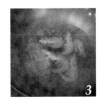

4. 把煮熟的基围虾剥去外壳。

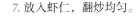

制作步骤

5. 锅中放入油，烧热后，放入大葱片，煸炒出味。

6. 放入蒸米饭，将米饭炒散。

7. 放入虾仁，翻炒均匀。

8. 放入日本萝卜，翻炒均匀。

9. 放入精盐、鸡精，翻炒均匀。

10. 最后，放入小葱段，翻炒均匀，炒约3分钟，起锅装盘即可。

粥

八珍鲜粥

🍲 原料

大米70克	红枣30克
薏米30克	银耳20克
黑米20克	核桃仁20克
西米20克	桂圆干10克

🥄 调料　　　　可用白糖代替

冰糖25克

准备工作

1. 将大米、薏米、黑米、西米、红枣、银耳、核桃仁、桂圆干准备好，放入盘中待用。

2. 红枣洗净，去除枣核；桂圆去壳。

3. 银耳放入温水中泡软后，洗净，切去根蒂。

4. 大米、薏米、黑米等用清水洗净（淘米水可以用来浇花）。

制作步骤

5. 将洗净的大米、黑米放入砂锅中，加入适量清水。

6. 放入红枣、核桃仁。

7. 加入薏米、西米。

8. 放入银耳。

9. 放入去壳的桂圆肉。

10. 放入冰糖，大火烧开，转小火，熬约40分钟，熬至黏稠状即可。

菠菜猪肝粥

🍲 原料

大米70克
猪肝60克
菠菜30克

🥄 调料

精盐2克
鸡精2克
生抽3毫升

可用味精代替

准备工作

1. 将菠菜、猪肝、大米准备好，放入盘中待用。

2. 大米洗净，放入砂锅，加入适量清水，先浸泡半小时，然后用小火熬约30分钟。

3. 猪肝洗净，剔除筋膜，切成条。

制作步骤

4. 大米粥熬好后，放入猪肝，小火继续熬约8分钟。

Tips 美味提示

选购菠菜，叶子易厚，伸张得很好，且叶面要宽，叶柄则要短。如叶部有变色现象，要予以剔除。

5. 放入洗净的菠菜叶。

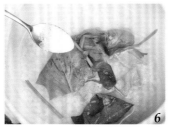

6. 加入精盐、鸡精、生抽，搅拌均匀，再熬约1分钟，起锅盛入碗中即可。

补血益气养生粥

🍲 原料

红豆80克　　薏米30克

小米30克　　黑米30克

🥄 调料　　　可用白糖代替

红糖20克

🧹 准备工作

1. 将红豆、小米、薏米、黑米准备好；把薏米洗净，放入清水中，浸泡1个小时。

2. 红豆洗净，放入清水中，浸泡1个小时。

3. 黑米洗净，放入清水中，浸泡1个小时。

制作步骤

4. 锅中放入清水，放入浸泡透的红豆。

5. 放入浸泡透的黑米。

6. 再放入浸泡透的薏米，搅拌均匀。

7. 放入洗净的小米，盖上锅盖，大火烧开，转小火熬约35分钟。

8. 放入红糖，搅拌均匀，盛放碗中即可。

桂圆甜粥

🍲 原料

大米70克　　红枣20克
桂圆20克　　枸杞5克

🥄 调料　　　　·可用冰糖代替
白糖10克

🍳 准备工作

1. 将桂圆、红枣、大米、枸杞准备好，放入盘中待用。

2. 红枣洗净，去除枣核。

3. 大米洗净，放入砂锅。

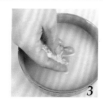

制作步骤

4. 砂锅中加入适量清水，将大米先浸泡半小时，再用小火熬约**10**分钟。

5. 桂圆去壳洗净，放入砂锅中。

6. 红枣去核后洗净，放入砂锅中。

7. 枸杞洗净后，放入砂锅中。

8. 加入白糖，搅拌均匀，再熬约**30**分钟，起锅盛入碗中即可。

核桃花生粥

🍲 原料　　　🖌 调料

青糯米70克　　无
花生米40克
核桃40克

🧹 准备工作

1. 将糯米、花生米、核桃准备好，放入盘中待用。

2. 把大米洗净后，用清水浸泡1个小时。

3. 将花生米洗净，切碎。

4. 核桃去壳后，切碎。

制作步骤

5. 锅中放入清水，烧热后，放入浸泡透的大米。

Tips 美味提示

核桃应选择个大圆整，壳薄白净，出仁率高，果身干燥，桃仁片张大，色泽白净，含油量高的。

6. 放入花生米，搅拌均匀。

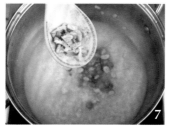

7. 再放入核桃，搅拌均匀后，先用大火烧开，然后转小火，熬约35分钟即可。

黑芝麻红枣粥

原料

大米80克　　花生米30克
黑芝麻30克　核桃30克
红枣30克

调料

可用白糖、冰
糖代替

红糖20克

🍴 准备工作

1. 将大米、黑芝麻、红枣、花生米、核桃、红糖准备好，放入盘中待用。

2. 花生米洗净，切碎。

3. 核桃去壳后，洗净，切碎。

4. 红枣洗净，去除枣核。

> 制作步骤

5. 锅中放入清水，放入浸泡透的大米。

6. 放入花生碎。

7. 放入核桃碎。

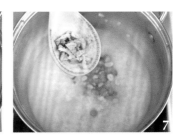

8. 放入红枣，搅拌均匀，大火烧开，再转小火，熬约**40**分钟。

9. 放入黑芝麻，搅拌均匀，继续熬约**5**分钟。

10. 放入红糖，搅拌均匀，起锅，盛放碗中即可。

山药百合粥

🍲 原料

大米70克	百合20克
山药70克	枸杞10克

🥄 调料 ····· 可用白糖代替

冰糖15克

🔪 准备工作

1. 将山药、百合、大米、枸杞、冰糖准备好，放入盘中待用。

2. 把大米、百合分别洗净后，用清水浸泡1个小时。

3. 山药洗净后，削去外皮。

4. 将削去外皮的山药先顺长切成条，再横着切成块。

制作步骤

5. 锅中放入清水，烧热后，放入山药块。

6. 再放入浸泡透的大米，搅拌均匀。

7. 放入浸泡透的百合，搅拌均匀。

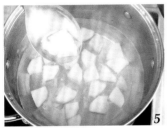

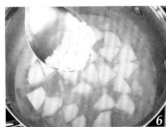

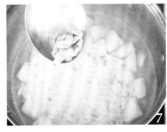

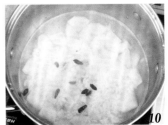

8. 放入洗净的枸杞，搅拌均匀，盖上锅盖，用小火熬约**40**分钟。

9. 放入冰糖，搅拌均匀。

10. 再用小火熬几分钟，待冰糖溶化，盛入碗中即可。

家常鸡粥

🍲 原料

大米70克
鸡脯肉50克

🥄 调料

精盐2克
鸡精2克

可用味精代替

小葱10克
姜5克

🔪 准备工作

1. 将小葱、姜、鸡脯肉、大米准备好；小葱洗净，切成粒。

1

2. 把姜去皮洗净，切成细丝。

2

3. 大米洗净，放入砂锅中，加入适量的清水，先浸泡半小时，大火烧开，转小火熬10分钟。

3

4. 鸡脯肉洗净，剔除筋膜，先切成薄片。

4

5. 再将薄片叠起，切成细丝。

5

6. 将切好的鸡脯肉放入砂锅中，搅拌均匀。

7. 放入姜丝，搅拌均匀，继续熬约30分钟。

制作步骤

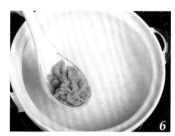

6

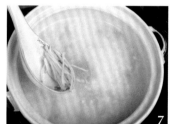

7

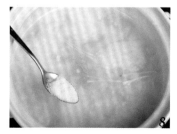

8

9

8. 加入精盐、鸡精，搅拌均匀，继续熬约1分钟，起锅盛入碗中。

9. 最后，往碗中撒上小葱粒即可。

菊花莲子枸杞粥

🍵 原料

大米60克　　小菊花10克
小米30克　　枸杞10克
莲子20克

🥄 调料　　可用白糖代替

冰糖20克

腊八粥

🧹 准备工作

1. 将大米、小菊花、枸杞、莲子、小米、冰糖准备好，放入盘中待用。

2. 大米洗净，放入小碗中，加入清水，浸泡1个小时。

3. 莲子洗净，放入清水中浸泡透。

4. 莲子浸泡透后，如果不喜欢莲子的苦味，可以去除里面的莲子芽，如图。

制作步骤

5. 锅中放入清水，放入浸泡透的大米。

6. 放入莲子，搅拌均匀。

7. 放入洗净的小米，搅拌均匀，大火烧开，再转小火，熬约30分钟。

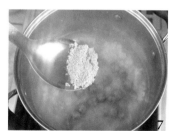

8. 放入小菊花，搅拌均匀。

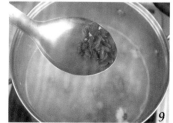

9. 放入洗净的枸杞，搅拌均匀，继续熬约8分钟。

10. 放入冰糖，搅拌均匀，继续熬约3分钟，将冰糖熬化，起锅，盛放碗中即可。

莲藕瘦肉粥

🥢 原料　　🥄 调料

大米70克　　精盐2克 ⋯⋯⋯ 可用味精代替
瘦肉50克　　鸡精2克
莲藕50克

🖌 准备工作

1. 将大米、瘦肉、莲藕准备好，放入盘中待用。

2. 把大米洗净后，用清水浸泡1个小时。

3. 瘦肉洗净，剔除筋膜，先切成长条。

4. 再将长条改刀成丁。

5. 莲藕洗净，削去外皮。

6. 将去皮后的莲藕切成小块状。

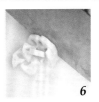

制作步骤

7. 锅中放入清水，烧热后，放入浸泡透的大米。

8. 放入莲藕块，搅拌均匀。

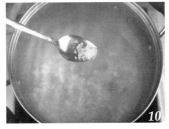

9. 再放入瘦肉丁，搅拌均匀，先用大火烧开，然后转小火，熬约25分钟。

10. 放入精盐、鸡精，搅拌均匀，再熬约5分钟即可。

莲子百合粥

🍚 原料

大米70克　　　百合20克

莲子30克　　　银耳20克

🥄 调料　　　······ 可用白糖代替

冰糖15克

🍳 准备工作

1. 将大米、莲子、百合、银耳准备好；把大米洗净后，用清水浸泡1个小时。

2. 莲子洗净，放入清水中，浸泡1个小时。

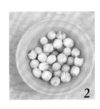

3. 百合洗净，放入清水中，浸泡30分钟。

4. 银耳洗净，放入清水中，浸泡30分钟，浸泡透后，去除黄色的根蒂。

制作步骤

5. 锅中放入清水，烧热后，放入浸泡透的大米。

6. 放入大米后，先用大火烧开，然后转小火。

7. 放入银耳，搅拌均匀。

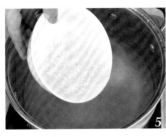

8. 再放入百合、莲子，搅拌均匀。

9. 放入所有的原料后，复烧开，继续用小火熬约35分钟。

10. 放入冰糖，搅拌均匀，再熬约5分钟即可。

木瓜米粥

🍚 原料
大米70克
木瓜80克

🥄 调料　　　　可用冰糖代替
白糖10克

🍳 准备工作

1. 将木瓜、大米、白糖准备好，待用。

2. 大米洗净，用清水浸泡1个小时。

3. 木瓜洗净，擦净水分，削去外皮，去除内籽。

4. 将去皮、去籽的木瓜切成小块。

制作步骤

5. 大米浸泡透后，用大火烧沸，再用小火熬约20分钟。

6. 放入切好的木瓜块，搅拌均匀，复烧开，继续熬约10分钟。

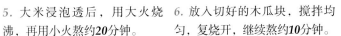

7. 放入白糖，搅拌均匀，继续小火熬约1分钟。

8. 起锅，将熬好的木瓜米粥盛入碗中即可。

皮蛋瘦肉蔬菜粥

🥣 原料

大米70克　　皮蛋1只

瘦肉50克　　小青菜20克

🖌 调料

精盐2克 ⌐ 可用味精代替

鸡精2克

准备工作

1. 将瘦肉、小青菜、大米、皮蛋准备好，放入盘中待用。

2. 把大米洗净后，用清水浸泡1个小时；猪肉洗净，先切成丝，再将丝切成丁。

3. 然皮蛋去壳后，放入沸水中煮透。

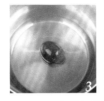

4. 将煮透的皮蛋切成小块。

5. 小青菜洗净，去除根部，切成末。

Tips 美味提示

皮蛋最好用线割，用刀子，蛋黄会粘在刀子上，既不卫生也不漂亮。

6. 锅中放入清水，烧热后，放入浸泡透的大米。

7. 放入猪肉丁，搅拌均匀，先用大火烧开，然后转小火，熬约35分钟。

制作步骤

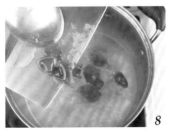

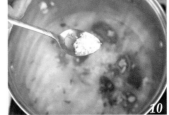

8. 放入皮蛋块，搅拌均匀，再熬约5分钟。

9. 放入青菜末，搅拌均匀。

10. 加入精盐、鸡精，搅拌均匀，稍微熬约1分钟，起锅盛入碗中即可。

山楂粥

可用白糖代替

准备工作

1. 将大米、山楂片、冰糖准备好，放入盘中待用。

2. 把大米洗净后，用清水浸泡1个小时。

3. 山楂片洗净，用清水浸泡约5分钟。

制作步骤

4. 锅中放入清水，烧热后，放入浸泡透的大米。

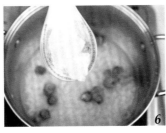

5. 放入山楂片，搅拌均匀，先用大火烧开，然后转小火，熬约35分钟。

6. 放入冰糖，搅拌均匀，再熬约5分钟即可。

时蔬麦片粥

🥣 原料

大米70克   土豆40克

青椒30克   麦片20克

胡萝卜40克

🖌 调料

精盐2克

鸡精2克   可用味精代替

🍳 准备工作

1. 将青椒、胡萝卜、土豆、麦片、大米准备好，放入盘中待用。

2. 大米洗净，放入砂锅中，加入适量清水，浸泡30分钟。

3. 土豆洗净，用削皮器削去外皮。

4. 土豆去皮后，切成1厘米见方的小丁。

5. 胡萝卜洗净，切成和土豆丁一样大小的丁。

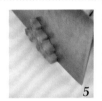

6. 青椒洗净，去根蒂、籽，切成小丁状。

7. 大米浸泡好后，放入土豆丁、胡萝卜丁，先大火烧开，然后转小火熬约20分钟。

8. 放入青椒丁，复烧开。

制作步骤

9. 放入麦片，搅拌均匀，继续熬约5分钟。

10. 放入精盐、鸡精，搅拌均匀，再熬约1分钟，起锅盛入碗中即可。

雪梨黄瓜粥

🍲 原料

大米70克　　黄瓜40克
雪梨50克　　山楂片15克

🥄 调料

冰糖15克　　　可用白糖代替

✂ 准备工作

1. 将雪梨、黄瓜、山楂片、冰糖、大米准备好，放入盘中待用。

2. 大米洗净，放入砂锅中，加入适量清水，浸泡30分钟。

3. 黄瓜洗净，削去外皮。

4. 将去皮后的黄瓜先切成条状，再切成丁。

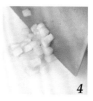

5. 雪梨洗净，削去外皮，也先切成条状，再切成丁。

⭐ Tips 美味提示

黄瓜应选择鲜嫩带白霜，以顶花带刺为最佳，瓜体直，均匀整齐，无折断损伤，皮薄肉厚，清香爽脆，无苦味，无病虫害。

6. 大米浸泡好后，放在火上，大火烧沸，转小火，先熬**10**分钟。

7. 放入洗净的山楂片，搅拌均匀，继续熬约**15**分钟。

制作步骤

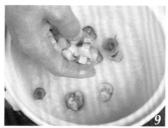

8. 放入雪梨丁，搅拌均匀。

9. 放入黄瓜丁，搅拌均匀。

10. 放入冰糖，搅拌均匀，继续煮约5分钟，起锅盛入碗中即可。

养颜瘦身粥

🍚 原料

红豆50克　　百合10克
大米50克　　银耳10克
莲子20克

🥄 调料　　┄ 可用白糖代替

冰糖15克

准备工作

1. 将红豆、大米、莲子、百合、银耳准备好；把大米洗净后，用清水浸泡1个小时。

2. 莲子洗净，放入清水中，浸泡1个小时。

3. 红豆洗净，放入清水中，浸泡1个小时。

4. 银耳洗净，放入清水中，浸泡30分钟，浸泡透后，去除黄色的根蒂。

5. 百合洗净，放入清水中，浸泡30分钟。

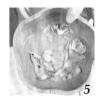

Tips 美味提示

　　挑选红豆时把红豆倒在淡精盐水里，完全浸没在水中就是好的红豆，浮在水面是不好的红豆。

6. 锅中放入清水，放入浸泡透的红豆、莲子，盖上锅盖，大火烧开，转小火熬约15分钟。

7. 放入浸泡透的大米，搅拌均匀。

制作步骤

8. 放入浸泡透的百合、银耳，搅拌均匀。

9. 放入所有的原料后，复烧开，继续用小火熬约15分钟。

10. 放入冰糖，搅拌均匀，再熬约5分钟，将粥熬至黏稠即可。

银耳白果枸杞粥

🍲 原料

糯米70克　　白果20克
银耳20克　　枸杞10克

🥄 调料

冰糖20克 ⌁⋯⋯ 可用白糖代替

准备工作

1. 将糯米、银耳、白果、枸杞、冰糖准备好，放入盘中。

2. 把糯米洗净后，用清水浸泡1个小时。

3. 银耳洗净，用清水浸泡30分钟，浸泡透后，去除黄色的根蒂部分。

4. 白果用刀背轻拍一下，将壳拍裂。

5. 然后将白果的外壳去掉。

银耳白果枸杞粥

制作步骤

6. 锅中放入清水烧热后，放入浸泡透的糯米。

7. 再放入浸泡透的银耳，搅拌均匀。

8. 放入洗净的枸杞搅匀。

9. 放入白果拌匀后，先用大火烧开，再转小火煮35分钟。

10. 放入冰糖块搅拌均匀，再熬约4分钟至黏稠状即可。

紫薯粥

🥣 原料　　　🖌 调料

大米70克　　枇杷膏20毫升 ········· 可用冰糖代替
紫薯60克　　白糖10克

准备工作

1. 将紫薯、大米、枇杷膏准备好，待用。

2. 大米洗净，放入砂锅中，加入适量清水，浸泡30分钟。

3. 紫薯洗净，削去外皮（也可以不用去皮，洗净就可以）。

4. 将紫薯切成大小合适的块状。

制作步骤

5. 大米浸泡后，大火烧沸。

6. 放入紫薯块，搅拌均匀，继续小火熬煮约**20**分钟，将粥熬至黏稠状。

7. 加入白糖，搅拌均匀。

8. 加入枇杷膏，搅拌均匀，再稍微煮约**1**分钟，起锅盛入碗中即可。

图书在版编目（CIP）数据

第一厨娘家常主食 / 孙晓鹏主编. -- 长春：吉林
科学技术出版社，2013.11
　　ISBN 978-7-5384-7249-3

　　Ⅰ．①第… Ⅱ．①孙… Ⅲ．①主食－食谱 Ⅳ.
①TS972.13

中国版本图书馆CIP数据核字(2013)第266961号

第一厨娘家常主食

DIYI CHUNIANG JIACHANG ZHUSHI

主　　编	孙晓鹏（YOYO）
拍摄助理	胡海洋　李　静　李　娟　李　倩　李晓林
	刘　刚　刘　强　刘海燕　刘建伟　王　静
	王海波　姚　兰　于　娟　张　莉　张红艳
出 版 人	李　梁
策划责任编辑	隋云平
执行责任编辑	梅洪铭　黄　达
封面设计	南关区涂图设计工作室
技术插图	长春市创意广告图文制作有限责任公司
开　　本	710mm×1000mm　1/16
字　　数	294千字
印　　张	17
印　　数	1—12 000册
版　　次	2014年4月第1版
印　　次	2014年4月第1次印刷

出　　版	吉林科学技术出版社
发　　行	吉林科学技术出版社
地　　址	长春市人民大街4646号
邮　　编	130021
发行部电话/传真	0431-85677817　85635177　85651759
	85651628　85600611　85670016
储运部电话	0431-86059116
编辑部电话	0431-85659498
网　　址	www.jlstp.net
印　　刷	长春第二新华印刷有限责任公司

书　　号	ISBN 978-7-5384-7249-3
定　　价	35.00元